质趣志01

藏在毛线里的编织乐趣

回归线教研组 编

顾嬿婕 主编

上海科学技术出版社

目 录

棒针编织　　 钩针编织

作品06、25~31 为钩针编织，其他都是棒针编织

　　编织，算是人类最古老的手工艺之一。早在旧石器时代，人类就能利用植物韧皮、动物毛皮等材料制做渔网、席子、囊袋等日常生活所需之物。早期的手工编织是用两根或数根木（骨）质直针，将纱线弯曲，逐一成圈，编成简单而粗糙的织物，而后逐渐发展成为一种家庭手工业。

　　手工作业始终与人类生活息息相关，随着文明的演进与科技的进展，人类不仅充分利用各类天然纤维编织出生活所需的物品，更研发出多种化学纤维、矿物纤维等，使我们的生活更加舒适便利。编织的历史可以说是一部人类文明与科技的发展史。

　　如今，手工编织已经发展为一种技艺与兴趣的结合物，我们现在所说的毛线编织也是如此。譬如一件手工编织的毛衣，它除了有着御寒保暖的基本用途外，往往还承载了民艺传承、艺术创作、视觉欣赏、流行时尚、情感寄托等意义。"质趣"魅力就在于，不是把"美"高高架于生活之上，而是融于生活之中，且凝结着手作人的情感与匠心，这亦是一种兴致上的修为。在这种热爱之中，我们可以不断去搜寻和探索，从而发现惊喜、发现乐趣，这种乐趣更是值得被记录、被分享、被传递的。

　　这本书的面世也因而承载了一份小小的企盼。"小众"的，亦可是博大的，我们希望能以这件事为原点，与更多的编织爱好者、设计师们产生联结，让手工编织这项古老的民间手工艺可以获得一种勃然向上、百花竞放的文化土壤。所谓"万事开头难"，若一件事能够秉着初心持之以恒地做下去，并且越做越好、越做越有趣，那更加是幸事一桩了。本书此次收集了来自五湖四海的 19 位手编爱好者和针织服装设计师们的原创作品，品类涵盖了毛衣、背心、短裙、披肩、毯子等，愿打开本书的您，能在此中感受到"手工编织"热爱的力量与无尽的乐趣。

追忆系列

"黑白灰"虽被定义为无色系，却有着"吸收与反射"色光的特质，似乎如隐形色彩般存在，"黄"更像一味调料，让所有融合在一起的色彩变得协调统一。人生之路就如同线条一般，可交错可平行，可直行可绕弯，最后形成一幅多姿多彩的画卷。

设计师：蔓达
用线：回归线·锦瑟 /
知音 / 惜物 / 时光

01

童趣方领开襟背心

鲜艳的色彩与简单几何图形的组合，让人想起了数学老师的彩色粉笔题板。这款开襟背心采用一体式编织，针法简单，对新手非常友好，腋下和领口的直角编织与几何提花图案相呼应，色彩明快、复古童趣，适用于多个季节。

设计：胡婷　用线：回归线·溯原／悸动　编织方法：第 49 页

02

配色编织的圆育克上衣

时尚是一个圈，世界是一个轮回，由很多的偶然组成。色彩的"偶然"碰撞，可以有万千种可能，也许就会让你眼前一亮。这款套头衫采用单股羊毛线配色编织，作品本身带有复古韵味，色彩之间的搭配更是清新雅致。

设计：若何
用线：回归线·遇见
编织方法：第 54 页

03

复古风阿兰背心

柔软温暖的毛线和经典的阿兰花样，是永不过时的经典款式。用生命之树、方格以及麻花图案，表现一种向上的生命力，为了和主体图案保持方向一致，袖口选择了扭针编织，以保证整件作品的针目、整体花样呈现纵向向上的感觉。

设计：大可　用线：回归线·知音　编织方法：第 57 页

04

多米诺方块套头衫

纯色和段染结合，线段与几何图案结合，使这件毛衫极富设计感。衣身采用的是多米诺编织，单元花片使用了双色编织，在简单的起伏针基础上加入滑针，形成多变的纹理效果。肩部、衣领、衣袖和下摆均采用纯色，衬托衣身复杂多样的视觉效果，肩部线条流畅，V领设计气质慵懒大方，后领处用引返编织的技法作了很别致的处理。这件毛衣的设计师是一位专业的建筑设计师，也许这就是跨界设计碰撞的别样火花吧！

设计：王小来　　用线：回归线·知音　　编织方法：第59页

05

蓝色简约 V 领背心

白色底，两种蓝色就像流水，来来回回，流畅、舒适。简单的图案和样式，适合新手编织。即使在沉闷的日子里，也能让你放松心情，感受生活中的宁静与愉悦。似水的流年，宁静的人生，也可以很好。

设计：若何

用线：回归线·悸动

编织方法：第 62 页

06

春日新芽钩针开衫

春日万物生机勃发,把新芽穿在身上也会获得力量吧。植物总是能给人安抚的感觉,树上的新芽虽然娇嫩却又生机满满,设计师巧妙地让它们长到衣服上,鲜活又可爱,文艺又清新。

设计:JANES 手作杂货铺
用线:回归线·溯原
编织方法:第 65 页

07

卡牌双面编织毯子

这是一条"织女"专属的毯子，织入了日常编织场景中常见的图案，毛线团、
棒针、纽扣、剪刀等，用方格类似卡牌形式排列，有种对对碰游戏的趣味。

设计：张灵英　　用线：回归线·幻羽　　编织方法：第70页

08

五彩气球面包针披肩

借助毛线自带的五彩落日的颜色变化，搭配浅黄色，间隔形成气球般的纹理，层层堆积出气球小山的感觉，仿佛游乐园门口最受孩子们喜欢的五彩缤纷气球，让儿时的那份喜悦围绕身边。

设计：西瓜和王婆　　用线：回归线·慕颜　　编织方法：第 76 页

09

法式风情荷叶边套头衫

如云朵般柔软的羽毛，赋予这件作品飘逸又优雅的质感。束腰细节勾勒简约风尚，风格慵懒闲适，自由惬意。用另线起针的方式从上往下编织，起针后往返编织，再用引返编织形成前、后领落差，领口与袖子的花边遥相呼应，俏皮又不失优美，轻轻围绕在少女的天鹅颈上，留下一抹温柔与浪漫。

设计：YM 　用线：回归线·锦瑟 　编织方法：第 77 页

10

晨曦琉璃色围脖

这款围脖的线材分为 AB 两组，A 组线材为单股"慕颜·晨蓝"和"悸动·城堡蓝"，B 组线材为单股"慕颜·余晖"。借助"慕颜"的轻薄，"慕颜"与"悸动"的粗细变化和色彩变化，仿佛晨光穿过教堂的彩绘玻璃窗，华丽又神秘。

设计：西瓜和王婆　用线：回归线·慕颜 / 悸动　编织方法：第 78 页

11

两面穿马鞍肩套头衫

编织的乐趣之一在于，即便是简单的上下针组合编织出来的花样，织片的正反面会呈现出不同的纹理，往往让人无法取舍哪一面更好看。这款可两面穿着的基础马鞍肩套头衫，从上往下环形编织，无须缝合，上下针组合，版型宽松，下摆微微收拢，仅在领口、袖子、下摆加入上针的扭针。反面穿着时更显纹理感，你更喜欢哪一面？

设计：LZ　　用线：回归线·锦瑟　　编织方法：第79页

12

方棋纹黑白围巾

三种变化的方棋纹、两端采用了璎珞纹和喜字纹样，这条经典的黑白色羊绒围巾，整体风格大方耐看、舒适软糯，男女都适用。掌握了编织方法后还可以尝试更多色彩的搭配。

设计：素织　　用线：回归线·念暖　　编织方法：第82页

13

希望的麦穗棒针围巾

简单的款式，几支麦穗，点点水波，让这款植物染山羊绒围巾充满自然之美。
麦秆采用钩针引拔针的方式，注意方向是从上往下哦。

设计：莫　用线：回归线·本原　编织方法：第84页

14

梅花纹镂空花边披肩

从手感到花样都透着温柔的气质，镂空的纹样配合纤细柔软的线材，白色更显得梦幻又朦胧，复古又典雅。忍不住想披在身上，捧在手心。

设计：素织　用线：回归线·锦瑟　编织方法：第 88 页

15

双色编织刺子绣马甲

刺绣、编织和拼布都像是在作画，只是使用的工具和载体不同。配色编织可以表现出规律简单的刺子绣图案，花样的改变与组合能表现出经典的刺子绣拼布风，用毛线也可在织片上进行刺绣，这样想着，便有了这件很有特色的双色刺子绣马甲。

设计：姜五一　　用线：回归线·遇见　　编织方法：第 90 页

16

刺子绣方格毛毯

乍一眼看上去会以为是刺子绣作品，实是用配色编织来实现的。主体蓝白两色编织，纹理清晰，毯子边缘使用单一蓝色桂花针，整体协调统一。使用了100%的羊绒线，手感细腻柔软，仅有300余克重，温暖舒适，实用别致。

设计：李莉　用线：回归线·念暖　编织方法：第96页

17

无染系列：Y领开衫

设计：LYNN
用线：回归线·溯原
编织方法：第104页

18

无染系列：时尚宽腿裤

复古风的开衫毛衣，搭配了一条时尚的宽腿毛线裤，上繁下简的设计，凸显出都市白领的干练爽利，毛衣上点缀的小小绣花，又藏着些女性的柔婉。

设计：LYNN
用线：回归线·溯原
编织方法：第106页

19

无染系列：V 领背心

经典的阿兰花样，大方的款式，百搭又好穿，溯原这款线恰好地表达了阿兰花样的立体感，荼白色又柔和了这种硬朗，真正是有型又有款。

设计：LYNN   用线：回归线·溯原   编织方法：第 107 页

20

无染系列：短裙

与 V 领背心、Y 领开衫呼应的麻花图案，百搭的短款裙子，浓浓的时尚范。

设计：LYNN   用线：回归线·溯原   编织方法：第 109 页

21

无染系列：围巾

简简单单的阿兰花样围巾，很容易学会的刺绣小花，围巾两端的流苏做成渔网状的结，这些看似简单的元素，却成就了这条有性格的围巾。可以单独使用，也可以跟前面的 Y 领开衫搭配。

设计：LYNN
用线：回归线·溯原
编织方法：第 110 页

天然柔软的羊毛与环保无瑕
的白色给人轻松舒适的感觉，
本系列作品运用绞花、抽条、
手钩等技法，注重搭配性的同
时，融入对时装廓形和毛线特
性的考虑。实用和天然的理
念，给人们传递精致、健康的
生活态度。

22

拼布风羊毛毯

整体设计灵感来源于拼布，配色图案只选择了圆和线段这两种简单的元素。颜色选择上，以大地色、蓝绿色为基调，调一剂跳跃的春江蓝，再搭配上对比色藏青和抹茶绿，用桂花针编织出不同于配色编织的肌理感作为留白部分。通过图案、颜色、肌理感的组合变化使羊毛毯别具一格。

设计：寻梦的栗子　　用线：回归线·惀动 / 慕颜　　编织方法：第 112 页

23

山间精灵插肩袖开衫：儿童款

山间精灵插肩袖开衫：成人款

这套亲子装，从上往下编织，新手也可以轻松地尝试。设计师采用纵向配色和横向配色结合的方式，将远近高低错落有致的山间森林呈现出来，法式结粒绣的点缀则增加了画面的活泼感。

设计：树小喵　用线：回归线·向往／悸动　编织方法：23—第 114 页、24—第 118 页

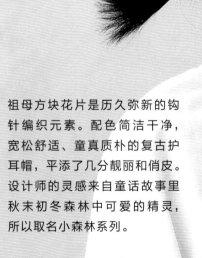

25

小森林祖母方块配色护耳帽

祖母方块花片是历久弥新的钩
针编织元素。配色简洁干净，
宽松舒适、童真质朴的复古护
耳帽，平添了几分靓丽和俏皮。
设计师的灵感来自童话故事里
秋末初冬森林中可爱的精灵，
所以取名小森林系列。

设计：Gaawaizit
用线：回归线·遇见 / 念暖 / 悸动
编织方法：第124页

26

小森林祖母方块绿色护耳帽

相同的祖母方块花片，通过不同的组合，帽顶采用的不同处理方法，护耳下方不同的装饰元素，融入了设计师细致巧妙的心思。单一的绿色，安然静谧，你还有什么不一样的尝试？

设计：Gaawaizit

用线：回归线·遇见

编织方法：第 125 页

27~31

卡通系列：藏青色羊毛抱枕
　　　　　湖蓝色拉链袋
　　　　　薰衣草色零钱包
　　　　　姜黄色零钱包
　　　　　红色单肩包

这套充满童趣的作品来自一位陶瓷工作室的主理人，形态各异的卡通脸谱也是她陶艺作品的标志性风格，设计师让这份趣味从陶瓷跳跃到毛线，不变的是手工带给生活的快乐，就像她本人所说："物件儿也有陪伴的情感，有了一些情绪的寄托，看到它们围绕在我的身边，仿佛温暖渗透在了空气中，一切都变得舒适了。"

设计：Mu. 小胆儿　用线：回归线·溯原 / 悸动　编织方法：27—第 127 页、28—第 129 页、29—第 131 页、30—第 131 页、31—第 132 页

「设计师细语」

蔓达

我爱观察周边的事物，寻找灵感，加上生活历练带给我的启发，让我越发想把摄取到的灵感付诸于自己的作品中。

胡婷

我是一名美术教师，很多的美术课都是围绕着色彩与形状展开，所以不知不觉爱上了各种鲜艳的色彩和几何形状的组合。
针与线的美好已陪伴我多年，就像呼吸那么自然，于是有了编织、数学、色彩融合的灵感。

若何

85后，以前做过网页设计师，后来想自由一点，做一些喜欢的事情。编织是自学，一学就爱上了，没有什么证书，一直保持学习的状态。有时候看到一个东西，会产生一些有趣想法，想让它变成有趣的图案，用毛线来实现，虽然有些困难。想用各种方法把所见所想记录起来，或许会成为灵感的养分。

大可

喜欢那些可以在日常生活中长久陪伴的事和物，编织和毛衣刚好是。

王小来

记得2017年，回归线的波希米亚系列深深吸引着我，让我有想织一件属于自己的毛衣的冲动，而后选取了秋野和阡陌做多米诺方格，完成后整体色彩和搭配我是很喜欢的，但出来的质感与效果还是与最初的设想差了一截。时隔四年，终于遇见了回归线的知音，能再次升级完善我最初的设计。

JANES 手作杂货铺

小时候，就喜欢妈妈给我做的小裙子，也跟着喜欢捣弄妈妈的毛线团，针线篮。大学时开始收集各种手工类书籍，后来也通过网络得到了更多观摩学习手作的机会。把织好的玩偶、衣服、饰品送亲朋好友，收获成倍的快乐。一直坚信手作是有温度的，我的手作世界就是我的乐园。

张灵英

于我来说，编织是一件能让自己静下心来去专注的事，是一个缓慢且存在各种变化的过程。我更偏向于在简单的编织技法里，去展示最生活化的东西。我深信"美是从骨子里透出来的"。

西瓜和王婆

儿时长辈们的编织技能是生活所需，但却给我埋下了好奇的种子，感慨于线绳间圈圈套套的无穷变化。这些年偶因生活忙碌而暂停编织，又在闲暇时重新拿起针线，享受着圈圈套套的无限可能。棒针相撞发出滴滴答答的声响，时光在指尖慢慢流淌，欢喜留在了织物上，用我特有的方式记录了下来。

YM

与编织的缘分来自小时候妈妈编织的手工毛衣，印象最深刻的是一件雪花图案的毛衣，十分喜爱也不舍得穿，第二年发现自己长高穿不下了，但对编织喜爱的种子已经种下。随后的十几年一直忙碌于学习和工作，直到疫情，生活节奏突然放缓，有更多的时间倾听自己内心的声音，才发现心中对编织向往的种子已经悄然生长成一棵大树。

LZ

记不清是小学几年级了，看着妈妈给家人织毛衣，也跟着学了最基本的棒针编织。2020 年，看着手机 APP 里的视频，双手仿佛有记忆般，很快就重新拾起了棒针，开始编织。喜欢编织的过程，一团团线，在指间穿过，慢慢变成一件件让人珍惜的物件。

素织

我对编织最初的印象是童年时拿个小板凳坐在妈妈身边帮忙，散毛线球，一边把线散出来，一边看着毛线在妈妈手里飞舞，那会儿就觉得特别神奇，一根线可以变成一件漂亮的毛衣……

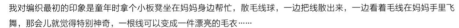

莫

8 年前我从一家设计公司辞职跟随家人去往一个陌生的城市，在那段没有工作的日子里手作让我找到了自己，让我的人生发生了翻天覆地的变化，让我在时间和自身的缝隙里逐步觉醒。秋天的麦穗是收获的寓意，我给它取名"希望"。

姜五一

我有很多爱好，编织是其中之一。在编织作品完成后上身拍照时，会感到满满的成就感和满足感。编织是我获取快乐的一种方式，继续编织，保持快乐。

李莉

小时候看见妈妈织毛衣。妈妈织的毛衣很美，有条纹、提花……那时我就想如果自己也会织那该多好！还记得给自己织第一件毛衣时候是 16 岁，没有图解，照着自己的想象，织了落肩袖宽松版的衣服，穿着十分舒服。从此之后，对编织、对手工，可以用两个字来形容，就是"热爱"。

LYNN

大学的专业是服装设计，凭着对针织设计的热爱，毕业后就决定投身到毛衫设计和编织中来，无论对于花型的工艺还是纱线的选择，近乎执着地追求完美的版型和细节，以此达到成品款式最好的效果。结缘 12 年，我仍然会一直保持这份热爱与信心。

寻梦的栗子

我从小就喜欢守在正在编织的母亲身边，惊叹着一股线经过母亲的双手便变成了漂亮的毛衣。当时心里就隐约种下了编织的种子。在 2009 年，无意中接触到了用毛线钩织玩偶的书籍，便被深深吸引，后来就开始了我的编织之旅。2018年，这一年于我而言很难，只有当我拿起棒针编织时，才能觉得内心平静一些，是编织帮我度过了那段最艰难的日子。

树小喵

日复一日的平凡生活，也许会感到枯燥与烦恼，但总有那么一些美好的小瞬间，在一刹那打动我们的心。这些小美好，就像灰色毛衣中的彩色格子，点缀着我们的生活。

Gaawaizit

最初接触毛线要追溯到初中时候的实践课了，最近这些年，秉持着"买不到想要的就自己做"的想法，也渐渐创作出了一件又一件自己想要的作品。

Mu. 小胆儿

我很喜欢设计自己生活中的东西，动手去制作，使用时会觉得生活是可以这么的精彩，快乐是可以这么的简单。本着这种理念，带来的"卡通系列"，希望童趣可以在生活中陪伴着我，看到他们围绕在我的身边，生活的温暖渗透在了空气中，一切都变得舒适了。

作品编织方法

01 | 第 49 页

02 | 第 54 页

03 | 第 57 页

04 | 第 59 页

05 | 第 62 页

06 | 第 65 页

07 | 第 70 页

08 | 第 76 页

09 | 第 77 页

10 | 第 78 页

11 | 第 79 页

12 | 第 82 页

13 | 第 84 页

14 | 第 88 页

15 | 第 90 页

16 | 第 96 页

17 | 第 104 页

18 | 第 106 页

19 | 第 107 页

20 | 第 109 页

21 | 第 110 页

22 | 第 112 页

23 | 第 114 页

24 | 第 118 页

25 | 第 124 页

26 | 第 125 页

27 | 第 127 页

28 | 第 129 页

29 | 第 131 页
30

31 | 第 132 页

01 童趣方领开襟背心

材料

回归线·溯原：茶白色 155 g

回归线·悸动：橘红色 30 g、樱草色 13 g、

葱绿色 10 g、深海蓝色 19 g、紫竹梅色 18 g、

唐红色 29 g、深花灰色 7 g

工具

棒针 4.0 mm、钩针 3.0 mm

成品尺寸

胸围 100 cm、衣长 50 cm

编织密度

10 cm × 10 cm 面积内：

下针编织 20 针，30 行

编织要点

手指起针，前后身片连在一起，从下往上，往返编织，到腋下开始分片编织。主体用溯原单股编织；纵向配色编织部分用悸动 3 股线编织；用黑色手缝线 3 股绣边。肩部引返编织，用盖针钉缝的方法合肩。

※ 本书图中未标注单位的表示长度的数字均以厘米（cm）为单位

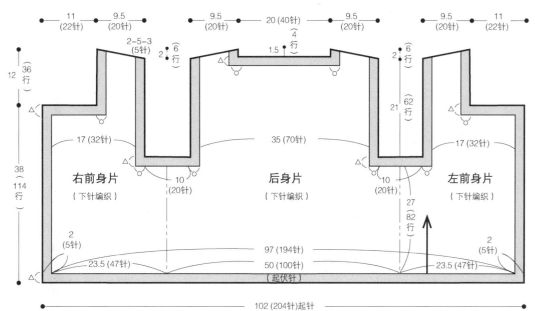

△ 2mm(8行)

○ 2mm(5针)

边缘编织（边缘花样）

右前身片　扣眼　左前身片

边缘花样

（钩针3.0mm）

起伏针

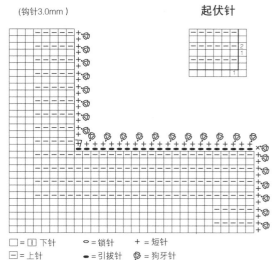

□ = ☐ 下针　○ = 锁针　+ = 短针

⊟ = 上针　● = 引拔针　🐾 = 狗牙针

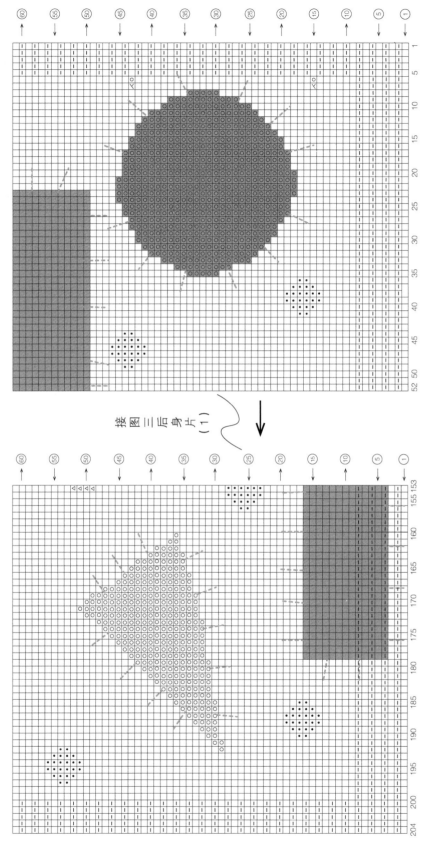

右前身片（1）

图一

左前身片（1）

接图三后身片（1）

配色 □ 溯原 · 素白色 　回 悸动 · 紫竹梅色 　回 悸动 · 深海蓝色 　回 悸动 · 樱草色 　回 悸动 · 橘红色 　圖 悸动 · 唐红色 　圖 悸动 · 葱绿色

悸动 · 深花灰色(双股) ， 1针的缝线长度在2.0~3.5cm

------ 装饰缝线

区回 扣眼

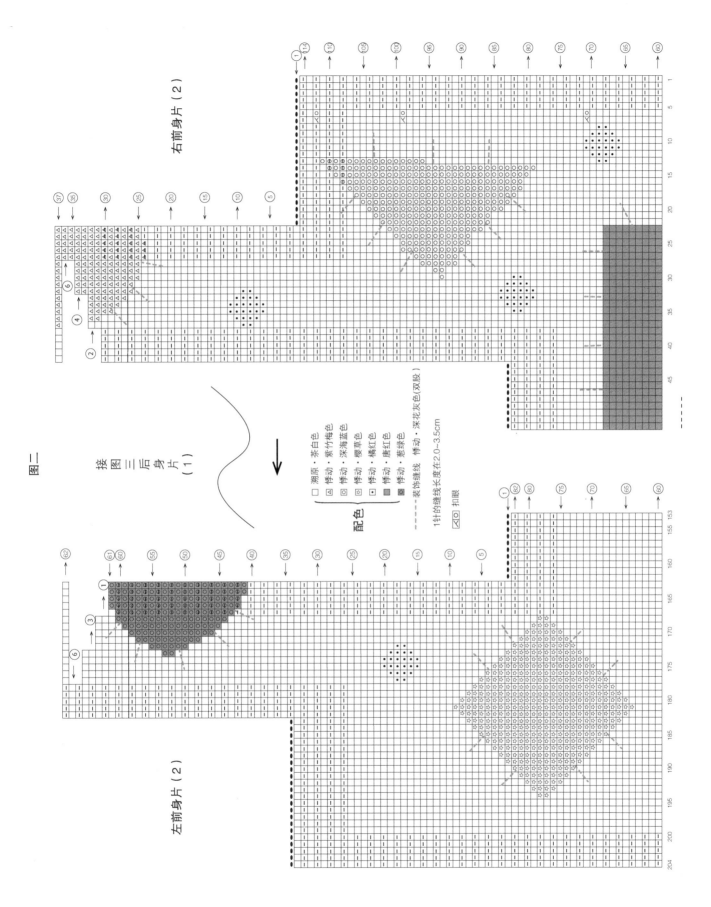

图二

右前身片（2）

左前身片（2）

接图三后身片（1）

配色
□ 溯原·茶白色
△ 棒动·紫竹梅色
⊙ 棒动·深海蓝色
⊡ 棒动·樱草色
· 棒动·橘红色
■ 棒动·潘红色
◙ 棒动·葱绿色
------- 装饰缝线·深花灰色（双股）
1针的缝线长度在2.0~3.5cm

⟨×⊙⟩扣眼

图三 后身片（1）

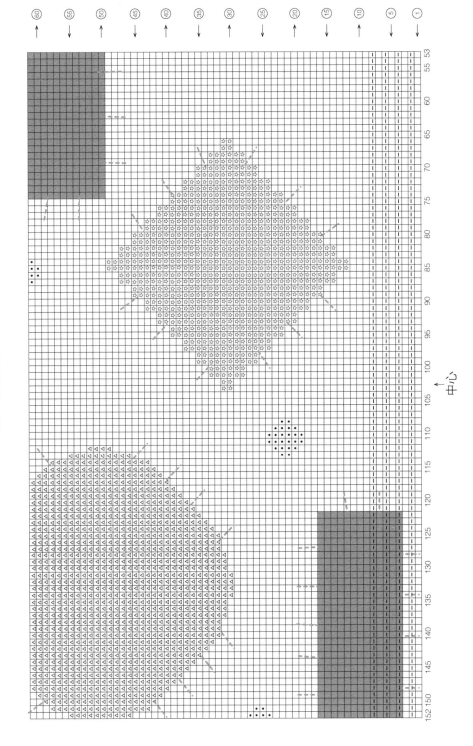

配色　□潮原　·紫白色　⊡悸动　·紫竹梅色　◙悸动　·紫梅色　◙悸动　·深海蓝色　回悸动　·樱草色　◘悸动　·橘红色　▣悸动　·唐红色　▣悸动　·葱绿色

悸动　·深花灰色(双股)　装饰缝线　-----装饰缝线　　1针的缝线长度在2.0~3.5cm

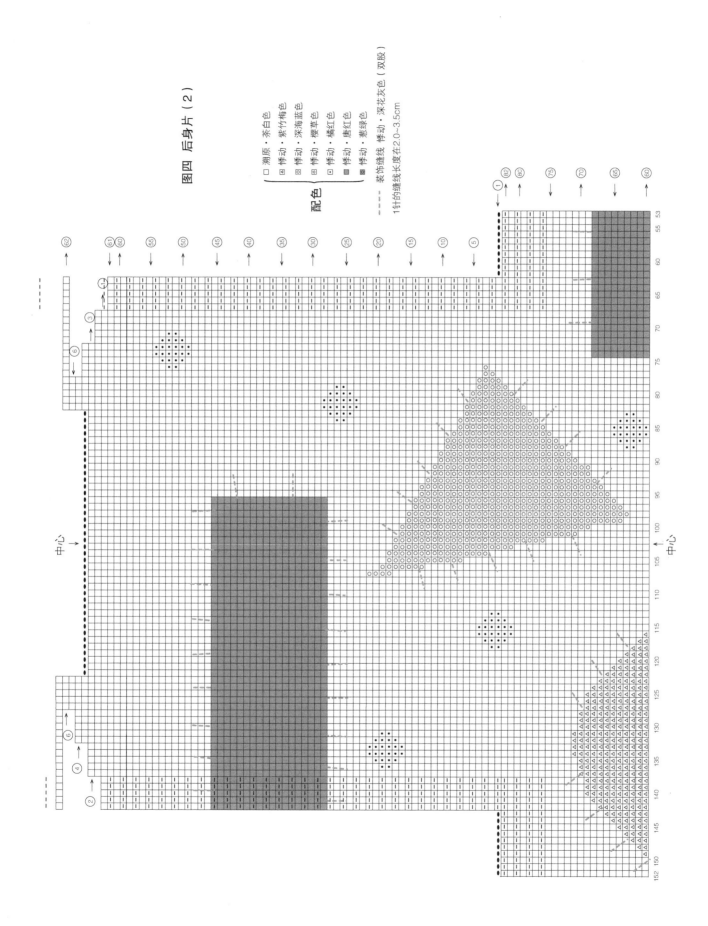

图四 后身片（2）

配色

□ 溯原·素白色
☒ 悸动·紫竹梅色
☑ 悸动·深海蓝色
☒ 悸动·樱草色
☑ 悸动·橘红色
☒ 悸动·唐红色
▨ 悸动·葱绿色

- - - - 装饰缝线 悸动·深花灰色（双股）
1针的缝线长度在2.0~3.5cm

中心

02 配色编织的圆育克上衣

材料

回归线·遇见：桦木色 199 g、墨绿色 39 g、
复古黄色 14 g、沼灰色 30 g

工具

棒针 3.5 mm、3.75 mm

成品尺寸

衣长 70 cm、胸围 102 cm、
连肩袖长 66.5 cm

编织密度

10 cm × 10 cm 面积内：
编织花样 A、B、C 24.5 针，27 行
下针编织 22 针，27 行

编织要点

用桦木色线另线起针自领口往下环形编织，育
克按图解横向渡线的方法编织花样，编织完育
克花样后，后片引返编织形成前后落差。身片
挑取育克上指定针数后再在腋下另线起指定的
针数后环形编织花样。袖子另线从育克挑取指
定的针数做环形编织，袖下的减针参照图示。
衣领从育克挑针编织单罗纹针，衣领、袖口以
及下摆均用墨绿色线编织单罗纹针。

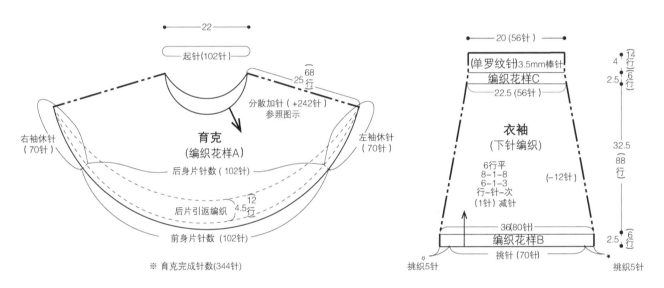

※ 育克完成针数(344针)

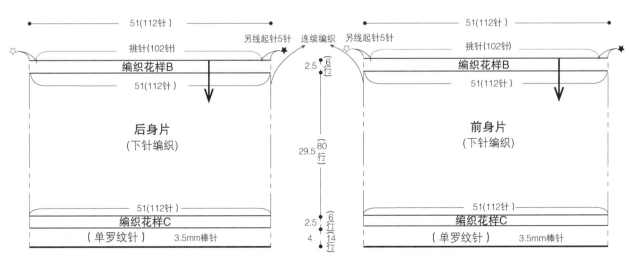

※除指定针号外均使用3.75mm棒针

育克（编织花样A）

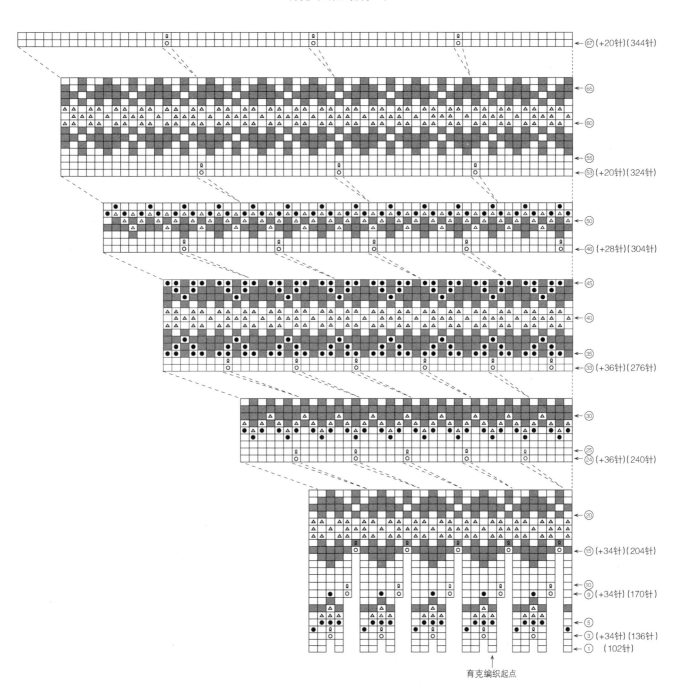

← 67 (+20针)（344针）
← 65
← 60
← 55
← 53 (+20针)（324针）
← 50
← 46 (+28针)（304针）
← 45
← 40
← 35
← 33 (+36针)（276针）
← 30
← 25
← 24 (+36针)（240针）
← 20
← 15 (+34针)（204针）
← 10
← 9 (+34针)（170针）
← 5
← 3 (+34针)（136针）
← 1 （102针）

育克编织起点

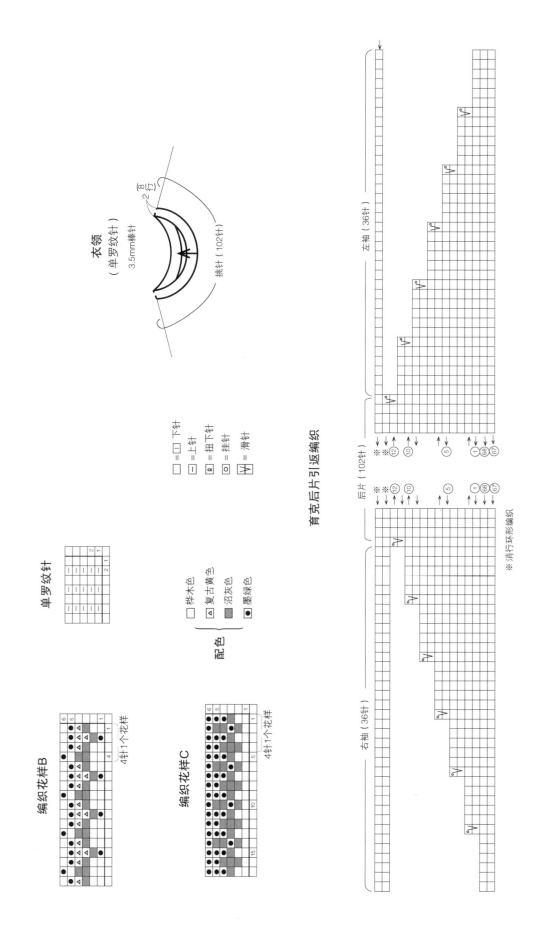

衣领
（单罗纹针）
3.5mm棒针

（2行）

挑针（102针）

□ =□ 下针
□ = 上针
凸 = 扭下针
□ = 挂针
∀ = 滑针

单罗纹针

配色
  □ 桦木色
  △ 复古黄色
  沼灰色
  ● 墨绿色

编织花样B
4针1个花样

编织花样C
4针1个花样

育克后片引返编织

后片（102针）
左袖（36针）

右袖（36针）

※ 消行环形编织

03 复古风阿兰背心

材料

回归线·知音：月雾灰 290 g（双股）

工具

棒针 4.5 mm、5.0 mm

成品尺寸

胸围 102 cm、衣长 55 cm、肩宽 38 cm

编织密度

10 cm×10 cm 面积内：

花样 A/A' 28 针，23 行

花样 B 29 针，23 行

桂花针 17.5 针，23 行

编织要点

用双股线分别编织前、后身片，手指起针。右腋下伏针收针 5 针后编织袖口扭针单罗纹针 8 行，并继续编织主体花样，完成这一行。左腋下在下一行（反面行）伏针收针 5 针后，编织与右袖口对称的扭针单罗纹针。其余袖口收针在扭针罗纹针内侧进行。前、后身片胁部做挑针缝合，肩部做盖针结合。领口挑取指定针目编织扭针单罗纹针。

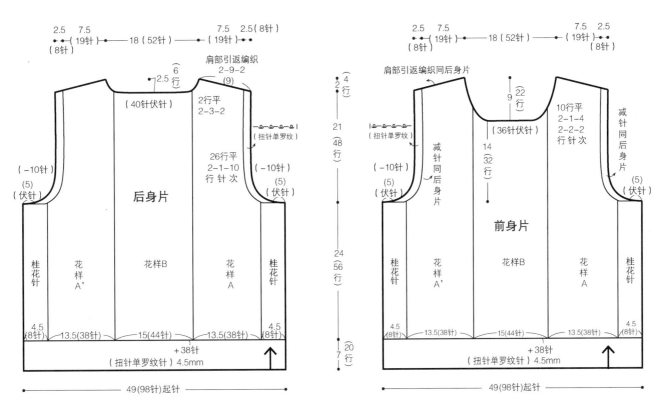

※除指定针号外均用5.0mm棒针
扭针单罗纹针20行编织完成后，编织1行加针行，加针规律为（3针加1针，2针加1针）重复19次，再编织3针下针（针数由起针时的98针，增加到136针）

衣领

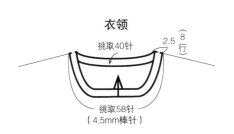

扭针罗纹针
衣领、下摆

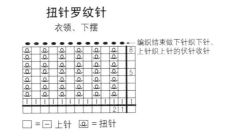

编织结束做下针织下针、上针织上针的伏针收针

□ = | 上针　◐ = 扭针

扭针罗纹针
右袖口

※左袖口做对称的花样编织

花样A   桂花针

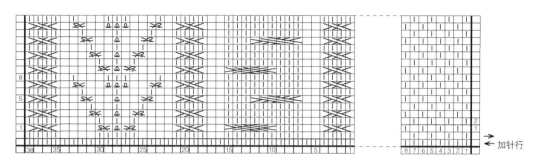

←加针行

花样B

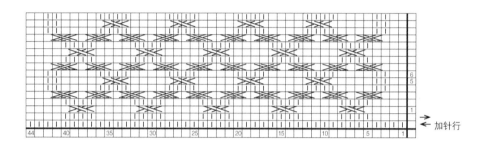

←加针行

桂花针   花样A'

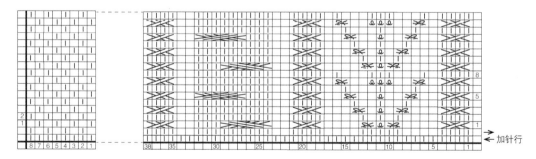

←加针行

□ = □ 上针   ⟩≺ = 左上2针交叉

⏐ = 下针   ⟩≺ = 右上2针交叉

⟨ ⟩ = 扭针   ⟩≺ = 左上2针交叉（下侧为上针）

⟩≺ = 左上为扭针的1针交叉（下侧为上针）   ⟩≺ = 右上2针交叉（下侧为上针）

⟩≺ = 右上为扭针的1针交叉（下侧为上针）   ⟩≻ = 左上3针交叉

                                       ⟩≻ = 右上3针交叉

58

04 多米诺方块套头衫

材料

回归线·知音：米驼色 225 g、
雨林色 120 g

工具

棒针 3.75 mm、3.25 mm

成品尺寸

胸围 128 cm、衣长 55 cm

编织密度

10 cm×10 cm 面积内：
编织花样　26 针，48 行
四边形的边长约为 15 cm

编织要点

从衣身花片开始编织，手指起针。然后单独编织左右肩片，将其与衣身缝合后进行育克引返编织，最后袖口及下摆双罗纹编织。衣身前后片按照图解标注顺序从花片 A 开始编织，每个花片 A 结束编织后将针目转移到另线上，下一组花片 B 会在 A 花片的针目上继续编织，注意在建立花片 B 第一行的时候，保留花片 A 中心处的 1 针目作为接下来花片 B' 的中心针目。花样 B 的中心针目为卷针加针。衣身编织完成后按照图示编织两块肩部，完成后休针断线与衣身缝合。缝合完成之后，按照图示起始处（左领）开始挑针，注意后领的挑针规律是每两行挑一针，袖口及下摆的挑针是每四行挑三针的规律。

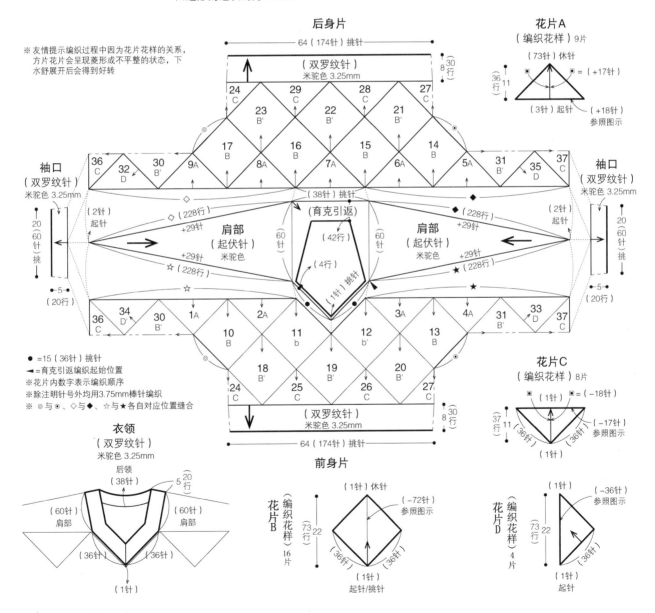

※友情提示编织过程中因为花片花样的关系，方片花片会呈现菱形或不平整的状态，下水舒展开后会得到好转

● =15（36针）挑针
◀=育克引返编织起始位置
※花片内数字表示编织顺序
※除注明针号外均用3.75mm棒针编织
※ ◎与●、◇与◆、☆与★ 各自对应位置缝合

编织花样（衣身）

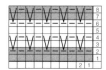

□ = □ 下针

− = 上针

∨ = 上针的滑针（2行的情况）

配色 { □ = 米驼色 ▨ = 雨林色

起伏针（左右肩、领口引返编织）

双罗纹针（衣领、袖口、下摆）

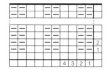

花片A（9片）
起针为手指起针法

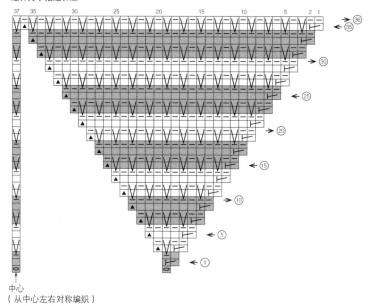

中心
（从中心左右对称编织）

⊙ = 起针　⊞ = 右加针（kfb）

□ = □ 下针　▲ = 右侧织右扭加针，左侧织左扭加针

花片B（16片）
花片B区别主要在起始行

B（6片）；B'（8片）
b（1片）；b'（1片）

肩部（2片）
起针为手指起针法

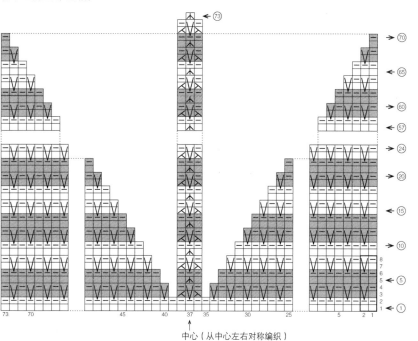

中心（从中心左右对称编织）

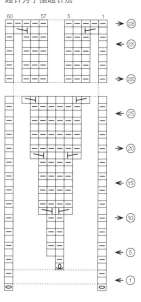

⊡ = 扭加针

※按图示完成后休针断线，与
前后身片缝合

※花片B：起针行73针＝花片A36针＋卷针起1针＋花片A36针
　花片B'：起针行73针＝花片B挑36针＋花片A挑1针/卷针起1针＋花样B挑36针
　花片b：起针行73针＝花样A36针＋起37针
　花片b'：起针行73针＝起37针＋花样A36针

◩ = 入字并针（右上2针并1针）

◪ = 人字并针（左上2针并1针）

△ = 中上3针并1针

60

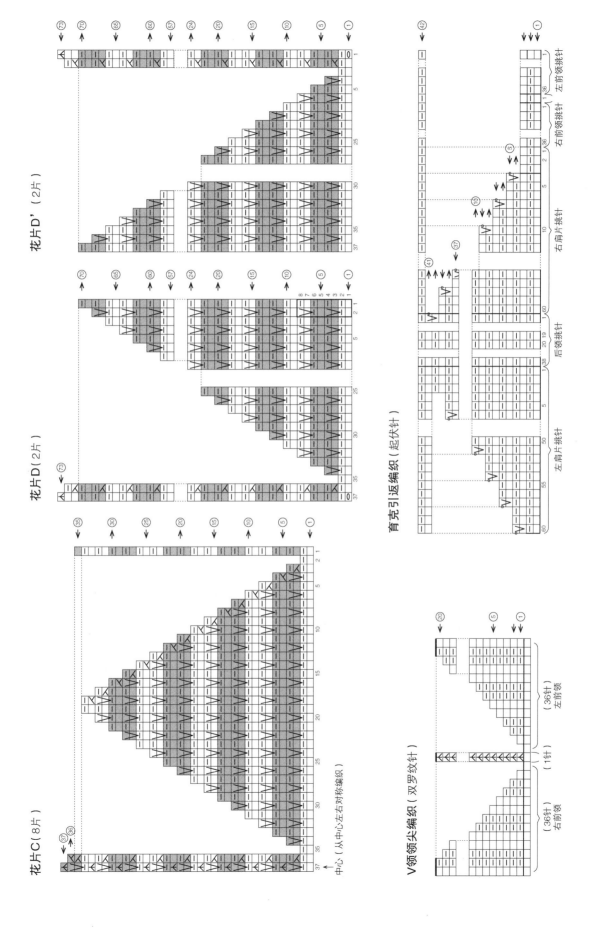

花片D'（2片）

花片D（2片）

花片C（8片）

中心（从中心左右对称编织）

育克引返编织（起伏针）

右前领挑针　左前领挑针

右前领挑针

右肩片挑针

后领挑针

左肩片挑针

V领领尖编织（双罗纹针）

（36针）
左前领

（1针）

（36针）
右前领

05　蓝色简约 V 领背心

材料

回归线·悸动：芝士色 153 g、
深海蓝色 110 g、天空蓝色 50 g

工具

棒针 3.5 mm、4.0 mm

成品尺寸

衣长 64.5 cm、胸围 102 cm、
肩宽 37 cm

编织密度

10 cm × 10 cm 面积内：

配色花样　25 针，25 行

编织要点

手指起针，环形编织配色花样。袖窿部分一边编织额外加针部分一边做减针，领口部分也是一边编织额外加针部分一边做领窝减针。用盖针钉缝的方法合肩。剪开领窝和袖窿额外加针部分，分别挑取规定针目，编织领口和袖口，编织终点按图示伏针收针。处理好线头及额外加针部分，蒸汽熨烫整形。

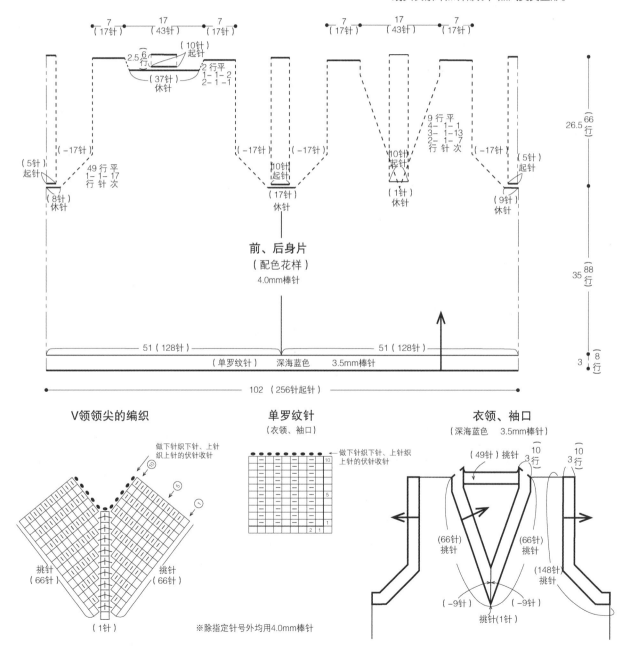

图一 后身片

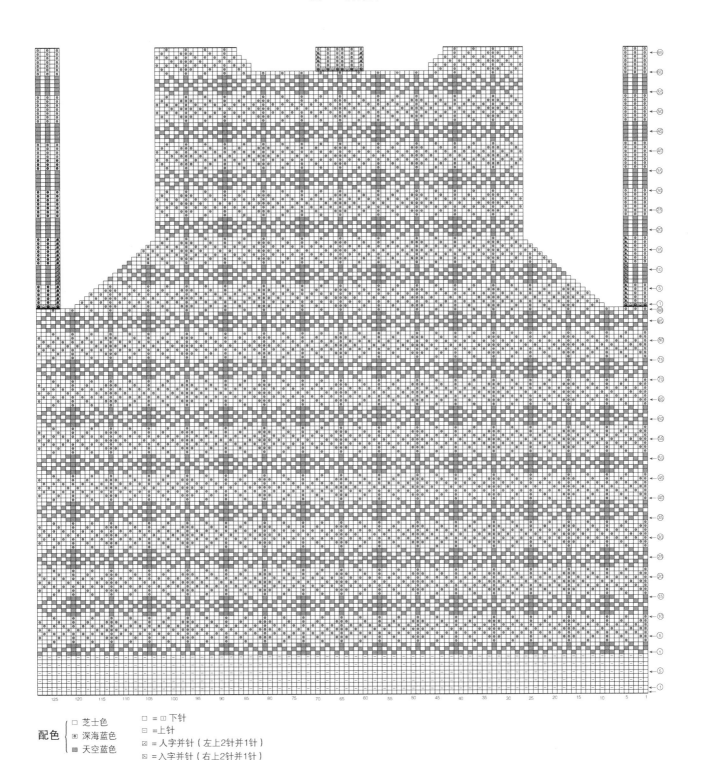

配色 { □ 芝士色
        ⊡ 深海蓝色
        ▦ 天空蓝色

□ = □ 下针
□ = 上针
⊠ = 人字并针（左上2针并1针）
⊠ = 入字并针（右上2针并1针）
▣ = 卷加针

63

图二　前身片

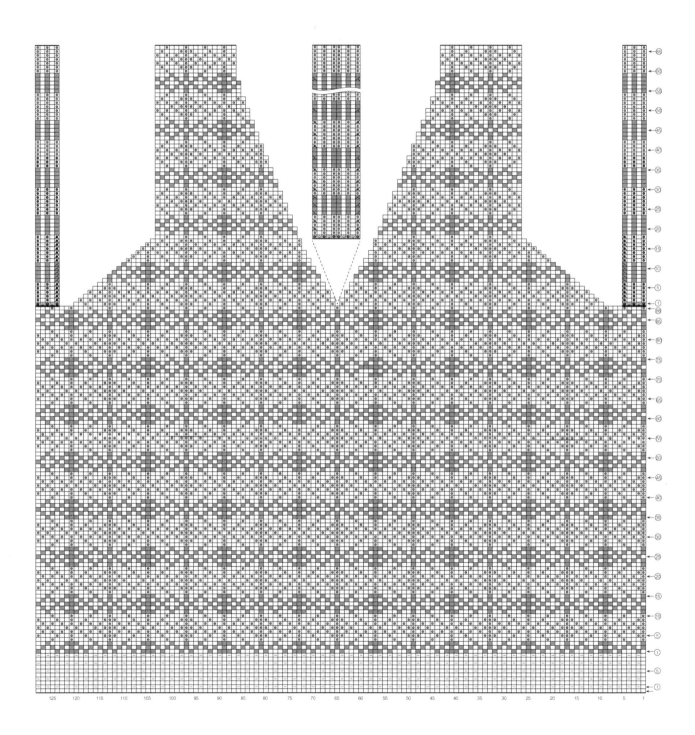

06 春日新芽钩针开衫

材料

回归线·溯原：茶白色 725 g

用具

钩针 6/0（3.5 mm）

成品尺寸

胸围 92 cm、肩宽 32 cm、衣长 52 cm、
袖长 44 cm

密度

10 cm × 10 cm 面积内：
编织花样 A　20 针，12 行
编织花样 B　20 针，15 行

编织要点

身片、袖片均锁针起针，按编织花样图解钩织，门襟连着身片一起编织，详见图一～图四。肩部、胁部、袖下做引拔针和锁针接合。领口挑取指定针数后，按衣领花样钩织。

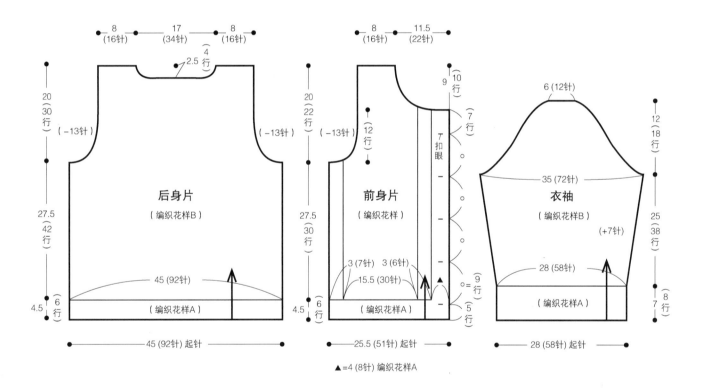

后身片（编织花样B）
前身片（编织花样）
衣袖（编织花样B）

▲=4（8针）编织花样A

编织花样A　　　　编织花样B

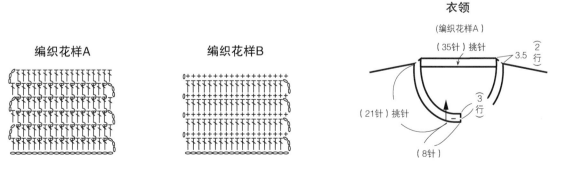

衣领
（编织花样A）

图一　后身片

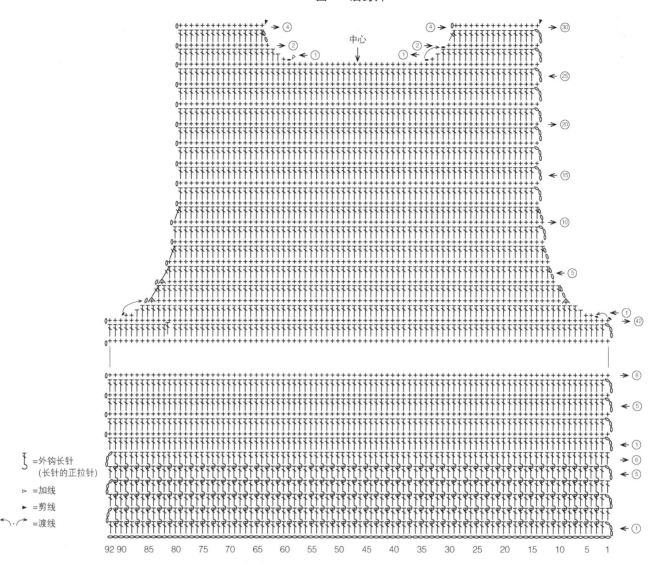

中心

＝外钩长针
（长针的正拉针）

▷ ＝加线

▶ ＝剪线

＝渡线

92 90　85　80　75　70　65　60　55　50　45　40　35　30　25　20　15　10　5　1

衣领挑针

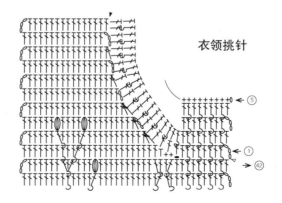

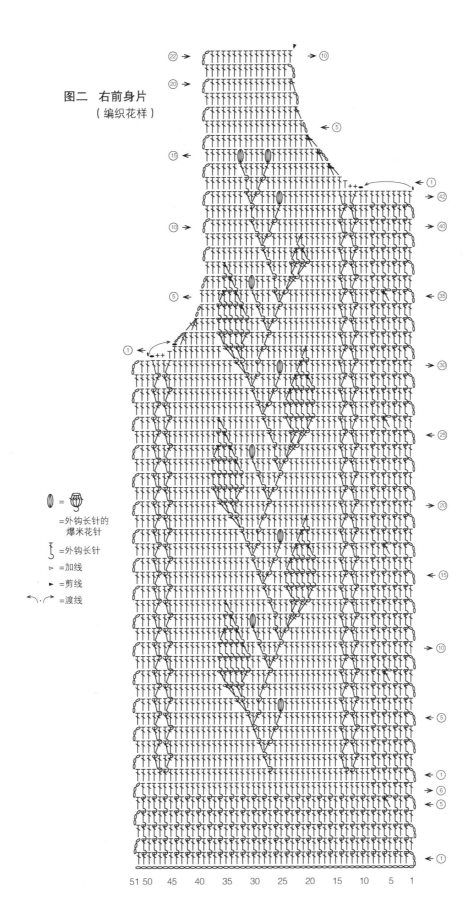

图二 右前身片
（编织花样）

⑩ =
=外钩长针的
爆米花针

=外钩长针

▷ =加线

► =剪线

=渡线

51 50 45 40 35 30 25 20 15 10 5 1

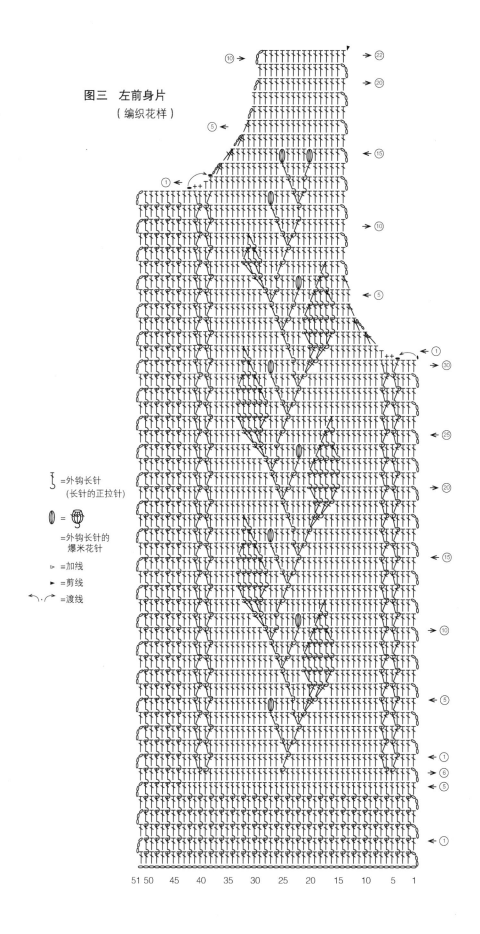

图三　左前身片
（编织花样）

$\int$ =外钩长针
（长针的正拉针）

〔 = 〕
=外钩长针的
爆米花针

▷ =加线
► =剪线
↶‧↷ =渡线

图四　衣袖

中心

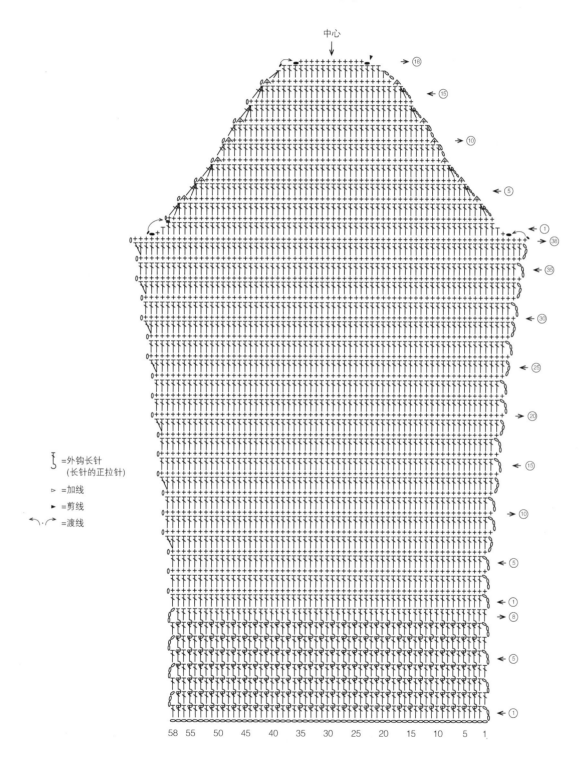

⟲ =外钩长针
　（长针的正拉针）

▷ =加线

► =剪线

↶·↷ =渡线

58　55　　50　　45　　40　　35　　30　　25　　20　　15　　10　　5　　1

07 卡牌双面编织毯子

材料

回归线·幻羽：月雾灰色 220 g、砂岩色 220 g

工具

棒针 3.5 mm

成品尺寸

长 95 cm、宽 90 cm

编织密度

10 cm × 10 cm 面积内：

配色花样　22 针，31 行

编织要点

毯子整体为双股线编织，双色一起做单罗纹起针，起针数为所需针数的两倍，一色一针间隔起针。下针 1 种色（正面砂岩色）上针 1 种色（背面月雾灰色）。参考图解编织配色花样后进行收针。双面编织方法详见 75 页。收针行分两部分进行：月雾灰色线留在右端待用，用砂岩色线编织上针，月雾灰色线下针针目滑过不编织；用月雾灰色线做单罗纹针缝针收针。

毯子
（配色花样）

正面：以砂岩色为主色，配月雾灰色花样
反面：以月雾灰色为主色，配砂岩色花样

图四	图三
图二	图一

95
（294
行）

90（198针）

图一　花样编织1-1

配色
□ 砂岩色
■ 月雾灰色

看着正面编织时
（奇数行）
{ □ = ▨▯
{ ▨ = ▯▨▯

看着反面编织时
（偶数行）
{ □ = ▯▨▯
{ ▨ = ▨▯▯

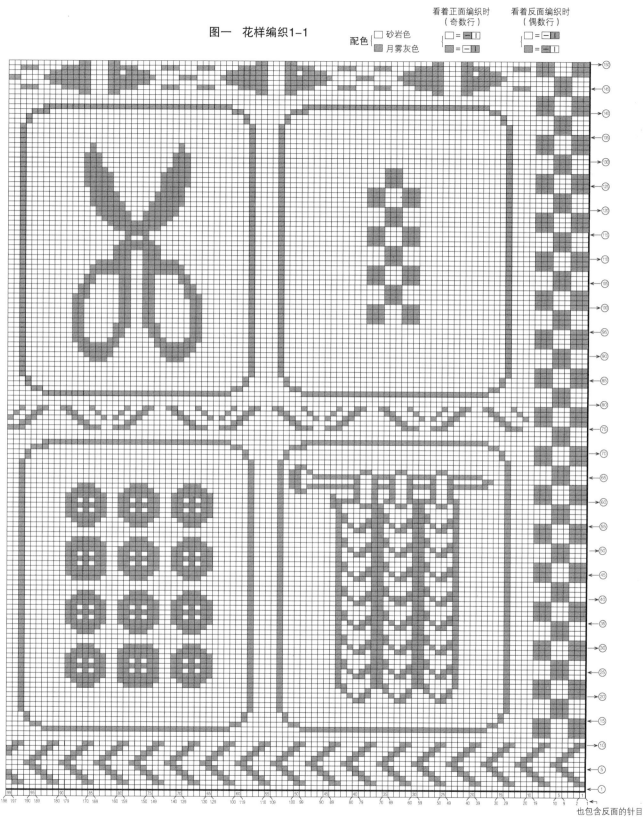

也包含反面的针目

第①行用双色双股线做单罗纹针起针（396针）
上针（月雾灰）下针（砂岩）间隔起针

71

图二　花样编织1-2

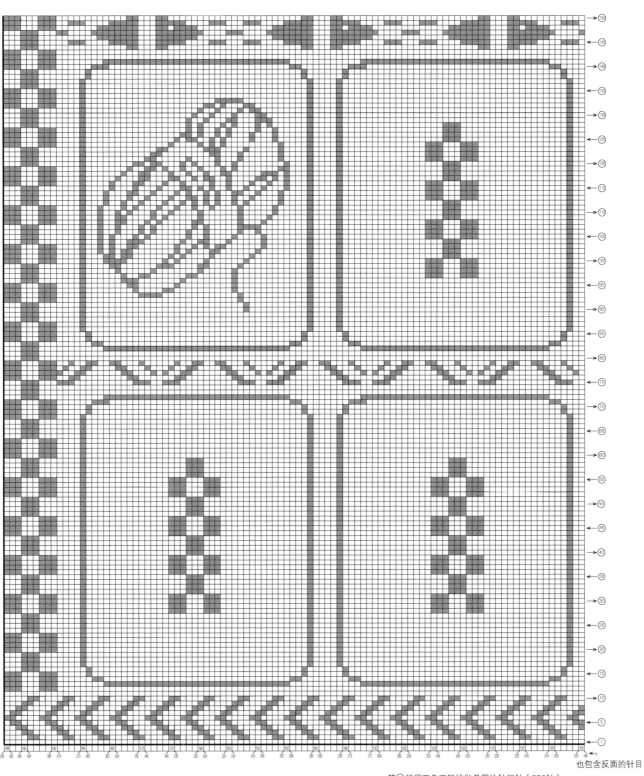

也包含反面的针目

第①行用双色双股线做单罗纹针起针（396针）
上针（月雾灰）下针（砂岩）间隔起针

㉒行月雾灰色线留在右端备用
只编织砂岩色线针目（上针）
㉓行调整回单面单色，正面砂岩色编织下针
月雾灰色编织上针
用月雾灰色线做单罗纹针收针　→

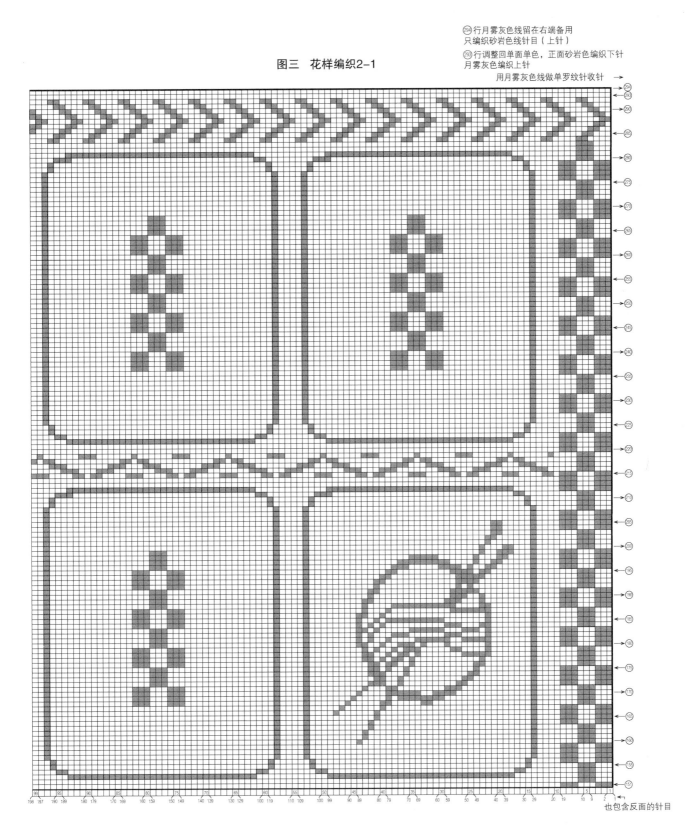

也包含反面的针目

图四 花样编织2-2

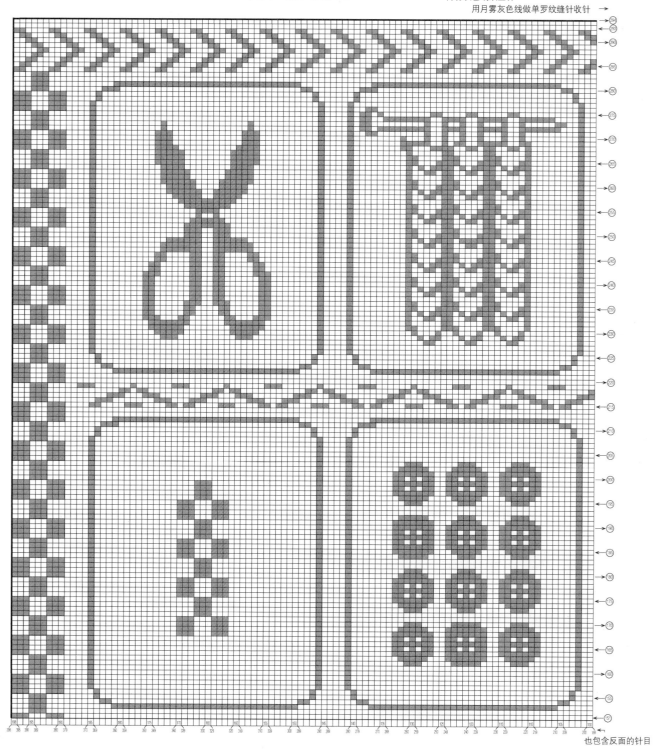

㉙行月雾灰色线留在右端备用
只编织砂岩色线针目（上针）

㉘行调整回单面单色，正面砂岩色编织下针
月雾灰色编织上针
用月雾灰色线做单罗纹缝针收针 →

也包含反面的针目

双面编织示范

因为同时进行正反两面的编织，所有没有渡线，这是双面编织的特点，正反面的配色正好相反。

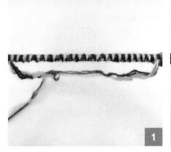

用单罗纹针起针法起针开始编织。用两色线各两股一起起针，一色织下针，一色织上针，间隔起针。示范为砂岩色织下针，月雾灰色织上针。

先按起针针目编织一行单色单面，砂岩色织下针（正面）、月雾灰色织上针（背面）。注意每一针编织时都是两色线一起前后绕线。

注意每行的编织起点务必交叉两色线后再开始编织。

看着正面编织的行，两色线一起放在后方，用砂岩色线编织下针。用月雾灰色线编织上针，注意编织上针时将两色线都放在前面。

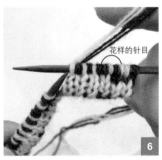

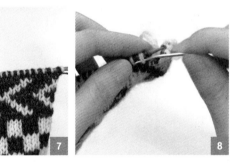

看着反面编织的行，用月雾灰色编织下针，用砂岩色线编织上针。

加入花样的部分，交换砂岩色和月雾灰色线进行编织。

全部花样编织完成后，再编织一行单色单面（即图解293行），之后一行只用砂岩色编织上针，月雾灰色线滑过不织，月雾灰色线留在右端备用。

用月雾灰色线进行单罗纹缝针收针。

正面花样。

反面花样。

08 五彩气球面包针披肩

材料

回归线·慕颜：落日色 80 g、
浅黄色 80 g

工具

棒针 4.0 mm、4.5 mm

成品尺寸

宽 53 cm、长 121 cm

编织密度

10 cm × 10 cm 面积内：
编织花样 24.5 针，38 行

编织要点

织物以双股线材编织。用 A 线以手指起针法起针，然后翻面使 A 线线头在右手侧，开始编织 4 行准备行。依次用 B 线和 A 线编织，编织完 B 线不翻面，编织完 A 线后再翻面。编织到所需行数后，最后一行 A 线不织花样，用 A 线松松地在反面行做下针织下针、上针织上针的伏针收针。

编织花样

编织花样
棒针4.0mm

1边针   1边针

53（131针）

（131针）起针

※除起针和收针用4.5mm棒针外均用4.0mm棒针

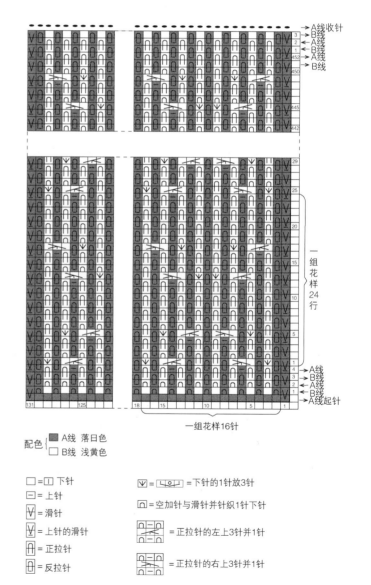

配色 {
■ = A线 落日色
□ = B线 浅黄色

□ = 下针
⊟ = 上针
⊻ = 滑针
⊻ = 上针的滑针
⊞ = 正拉针
⊞ = 反拉针

∨ = 下针的1针放3针
⊓ = 空加针与滑针并织1针下针
⊓⊟⊓ = 正拉针的左上3针并1针
⊓⊟⊓ = 正拉针的右上3针并1针

09 法式风情荷叶边套头衫

材料

回归线·锦瑟：冰蓝色 150 g（双股）

工具

棒针 4.0 mm、3.5 mm、3.0 mm

成品尺寸

衣长 47 cm、胸围 80 cm、袖长 46 cm

编织密度

10 cm×10 cm 面积内：

下针编织　24 针，25.5 行

编织要点

- 另线锁针起针后用双股线从上往下编织，起针后往返编织，再用引返编织（详见图示）形成前、后领落差；肩部按规律加针；小 V 领编织完成后连起来环形编织至指定长度，完成育克。

- 腋下另线锁针起针 6 针（前后身片各 3 针），另一侧相同，前后身片环形编织。腰部换 3.0 mm 棒针编织双罗纹，形成束腰的效果。衣袖编织之前，先解开腋下的另线挑取针目，环形编织下针，按加针规律完成加针，然后织 1 行上针；继续编织花样 A；袖口换 3.0 mm 针减针后编织双罗纹针，形成灯笼袖的效果。

- 袖子荷叶边的做法：从袖子花样 A 前面的上针那 1 行，正面挑针环形编织袖子荷叶边。

- 主体编织完成后，拆除领口起针的另线，编织衣领的单罗纹针和荷叶边。

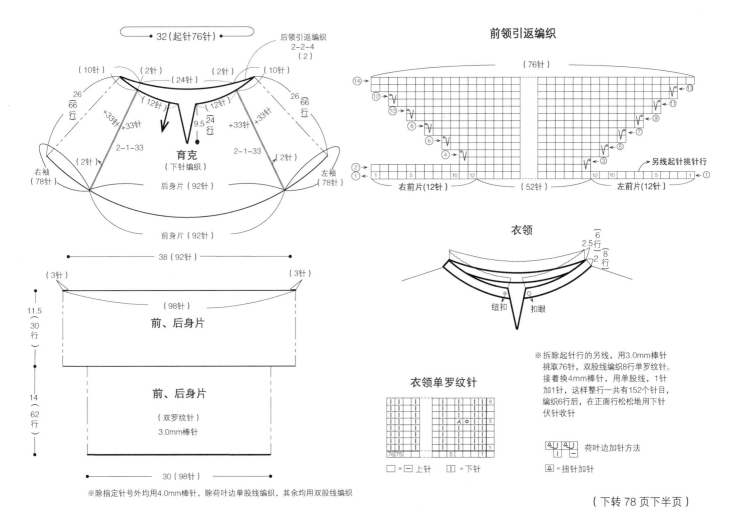

※除指定针号外均用4.0mm棒针，除荷叶边单股线编织，其余均用双股线编织

※拆除起针行的另线，用3.0mm棒针挑取76针，双股线编织8行单罗纹。接着换4mm棒针，用单股线，1行加1针，这样整行一共有152个针目，编织6行后，在正面行松松地用下针伏针收针

□ =□= 上针　　⫿ = 下针　　◎ = 扭针加针

（下转 78 页下半页）

10 晨曦琉璃色围脖

材料

回归线·慕颜：晨蓝色 20 g、余晖色 20 g
回归线·悸动：城堡蓝色 40 g

工具

棒针 5.0 mm

成品尺寸

周长 80 cm、宽 40 cm

编织密度

10 cm × 10 cm 面积内：
编织花样　19.5 针，52 行

编织要点

线材分为 A 线与 B 线，A 线为 1 股慕颜晨蓝色
和 1 股悸动城堡蓝色合股，B 线为 1 股慕颜余
晖。用 A 线以手指起针法起针，织成环形开始
编织。边缘部分都用 A 线编织起伏针，中间花
样编织部分 A 线和 B 线按图解编织，编织完所
需行数后用 A 线松松地做上针的伏针收针。

编织花样

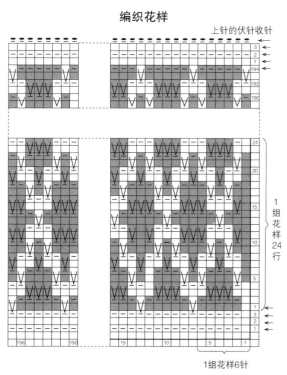

上针的伏针收针

□ = □ 下针
□ = 上针
V = 上针的滑针
（2行的情况）

编织方向 ←

配色 { ▨ = B线
　　　 □ = A线

1组花样 24行

1组花样6针

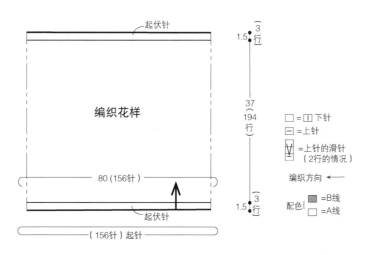

起伏针

编织花样

80 (156针)

起伏针

(156针) 起针

1.5 {3行}

37 (194行)

1.5 {3行}

---

09 （上接 77 页）

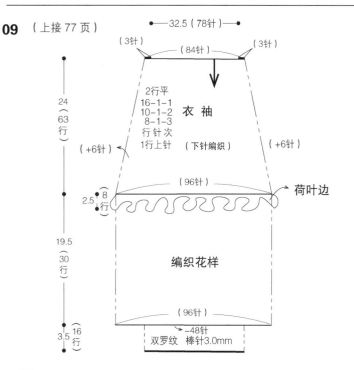

32.5 (78针)

(3针)　(84针)　(3针)

24 (63行)

2行平
16-1-1
10-1-2
8-1-3
行针次
1行上针

衣 袖
（下针编织）

(+6针)　　　(+6针)

(96针)　→ 荷叶边

2.5 {8行}

编织花样

19.5 (30行)

(96针)

-48针
双罗纹 棒针3.0mm

3.5 (16行)

编织花样

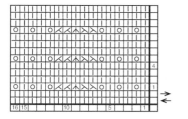

衣袖荷叶边编织方法

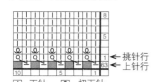

挑针行
上针行

□ =下针　Ω =扭下针
○ =空加针　▨ =没有针目

※单股线，4mm棒针从花样A前一
　行的上针处正面挑取96针，环形编织

78

11 两面穿马鞍肩套头衫

材料

回归线·锦瑟：芝士色 100 g、
浅驼色 80 g

工具

棒针 3.5 mm、4.0 mm

成品尺寸

衣长（前）54 cm、（后）57 cm
胸围 108 cm、连肩袖长 77 cm

编织密度

10 cm × 10 cm 面积内：
花样编织 A　21 针，36 行

花样编织 B　23 针，32 行
下针编织　21 针，32 行

编织要点

自领口往下环形编织。以手指起针法起针编织完领口，按照图解做育克引返编织和加针。按图解分配身片和袖子的针数，身片挑取育克上指定针数后并在腋下另线起指定针数后环形编织，参照图示做前身片的减针及后身片的引返编织。袖子从育克挑取指定数量的针数并拆除腋下另线后做环形编织，袖下的减针参照图示。袖口和下摆编织终点均按3针的I-Cord收针法收针。

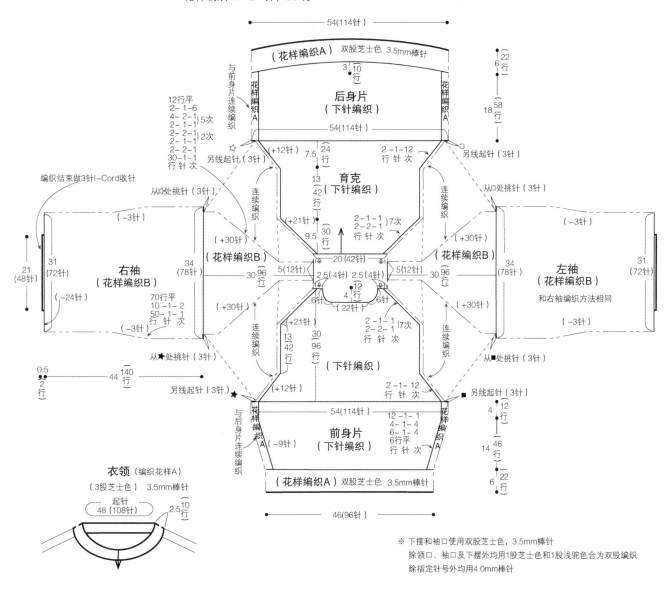

※ 下摆和袖口使用双股芝士色，3.5mm棒针
除领口、袖口及下摆外均用1股芝士色和1股浅驼色合为双股编织
除指定针号外均用4.0mm棒针

育克引返编织

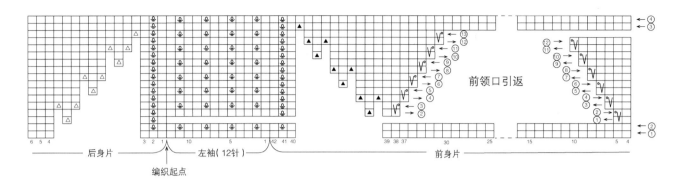

后身片	左袖(12针)	前身片			

前领口引返

编织起点

前身片减针、后身片引返编织

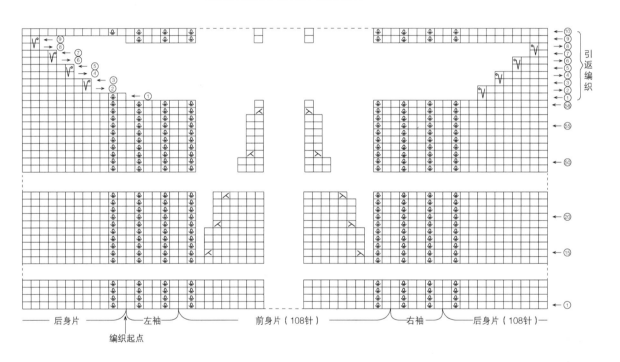

引返编织

后身片	左袖	前身片(108针)	右袖	后身片(108针)

编织起点

袖口减针及收针

（3.5mm棒针）

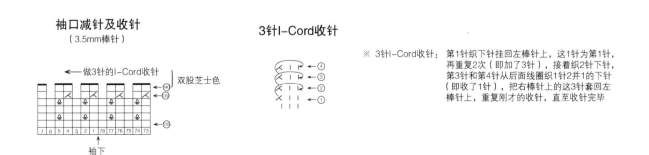

←做3针的I-Cord收针

双股芝士色

袖下

3针I-Cord收针

※ 3针I-Cord收针：第1针织下针挂回左棒针上，这1针为第1针，再重复2次（即加了3针），接着织2针下针，第3针和第4针从后面线圈织1针2并1的下针（即收了1针），把右棒针上的这3针套回左棒针上，重复刚才的收针，直至收针完毕

育克部分的袖片

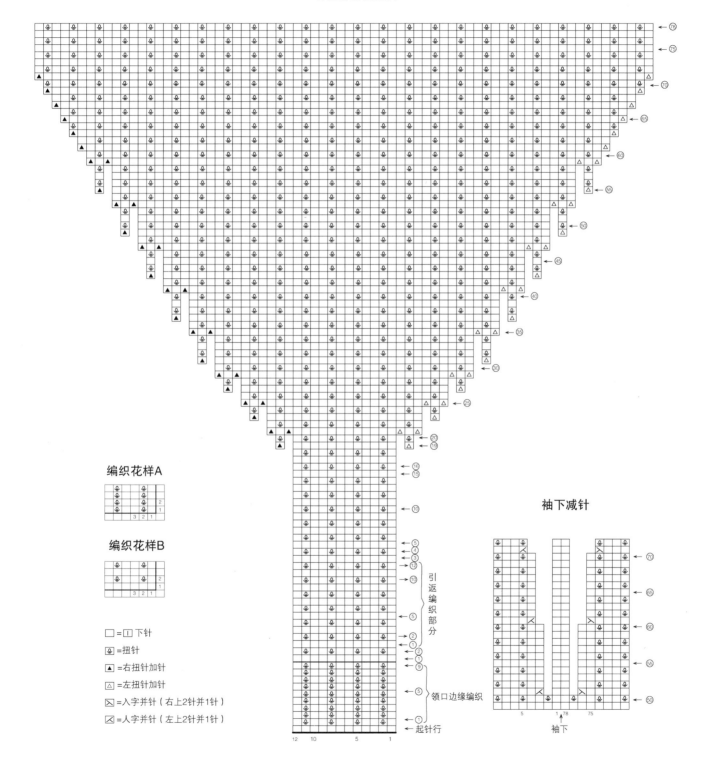

编织花样A

编织花样B

□ =1 下针

⊕ =扭针

▲ =右扭针加针

△ =左扭针加针

⋉ =人字并针（右上2针并1针）

⋊ =人字并针（左上2针并1针）

引返编织部分

领口边缘编织

← 起针行

袖下减针

袖下

12 方棋纹黑白围巾

材料

回归线·念暖：芝士色 90 g、石墨色 80 g

工具

棒针 2.5 mm、2.75 mm

成品尺寸

宽 21 cm、长 150 cm

编织密度

10 cm × 10 cm 面积内：

下针编织　35 针，50 行

配色编织　39 针，40 行

编织要点

手指起针，用 2.5 mm 棒针起 170 针，环形编织单罗纹针后分散减针至 160 针，再织下针，接着换 2.75 mm 棒针开始织配色部分，织完配色部分后换 2.5 mm 棒针织下针，加针至 170 针织单罗纹针，最后伏针收针。

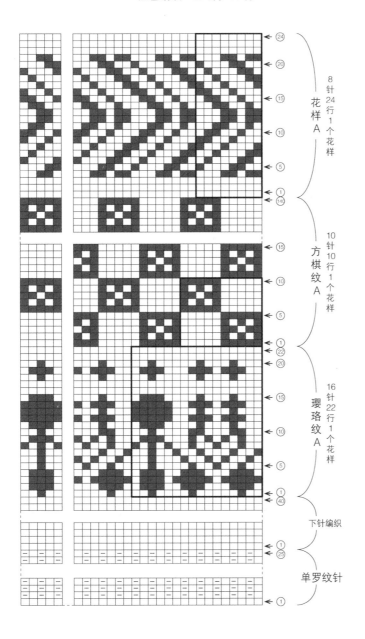

花样A
8针24行1个花样

方棋纹A
10针10行1个花样

璎珞纹A
16针22行1个花样

下针编织

单罗纹针

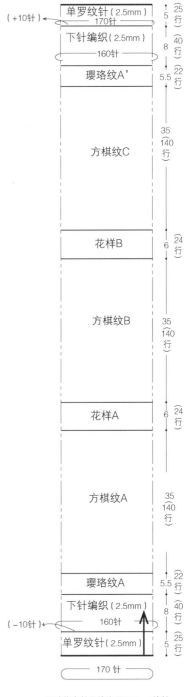

单罗纹针 (2.5mm)　(+10针)　170针　5 (25行)

下针编织 (2.5mm)　8 (40行)

160针

璎珞纹A'　5.5 (22行)

方棋纹C　35 (140行)

花样B　6 (24行)

方棋纹B　35 (140行)

花样A　6 (24行)

方棋纹A　35 (140行)

璎珞纹A　5.5 (22行)

下针编织 (2.5mm)　160针　8 (40行)　(−10针)

单罗纹针 (2.5mm)　5 (25行)

170针

※除指定针号外均用2.75mm棒针

82

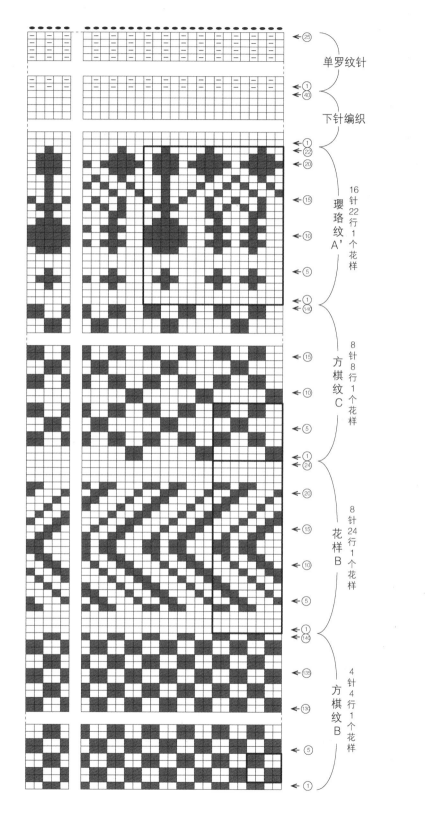

单罗纹针

下针编织

16针22行1个花样

璎珞纹A'

8针8行1个花样

方棋纹C

8针24行1个花样

花样B

4针4行1个花样

方棋纹B

配色 { ■ 石墨色
        □ 芝士色 }

13　希望的麦穗棒针围巾

材料

回归线·本原：麦麸色 150 g

工具

棒针 3.0 mm、钩针 3.0 mm

成品尺寸

长 183 cm、宽 35 cm

编织密度

10 cm × 10 cm 面积内：

编织花样　27 针，36 行

编织要点

手指起针，上针行为正面，下针行为反面。每行开头都要以上针方式入针滑一针不织。编织花样时注意织挑起的绕线针圈方向，不可扭针编织。刺绣方向注意是从上往下。

围巾结构图

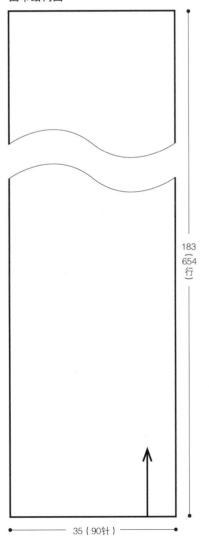

183
654
行

35（90针）

※围巾均用3.0mm棒针

麦秆位置参考图

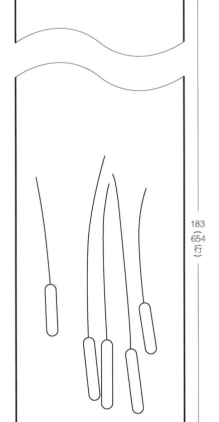

183
654
行

35（90针）

※麦秆用3.0mm钩针，编织方法见第135页

最长的麦秆位置在第185行

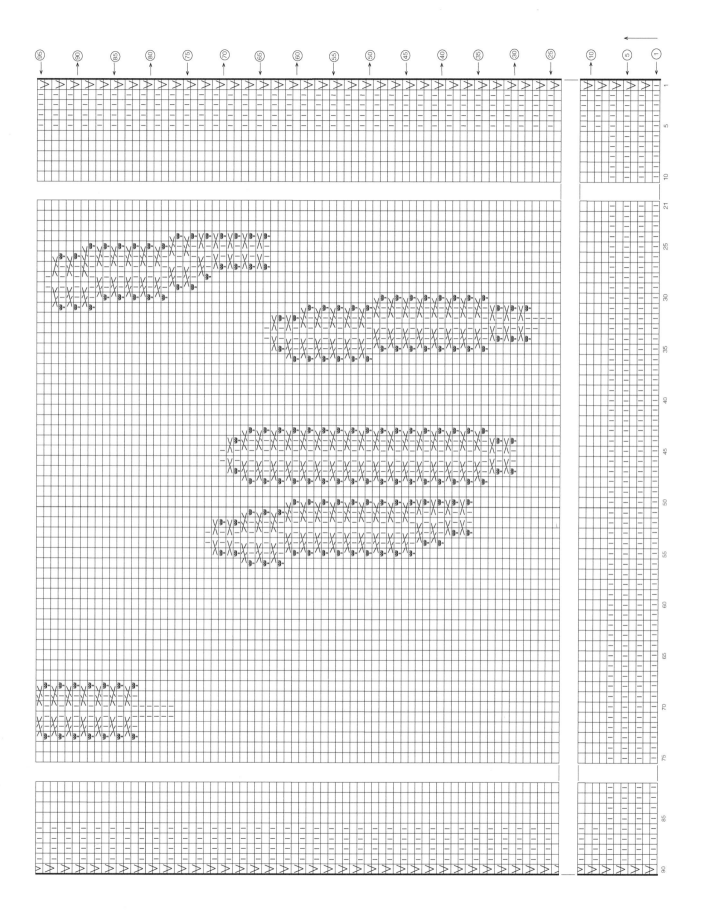

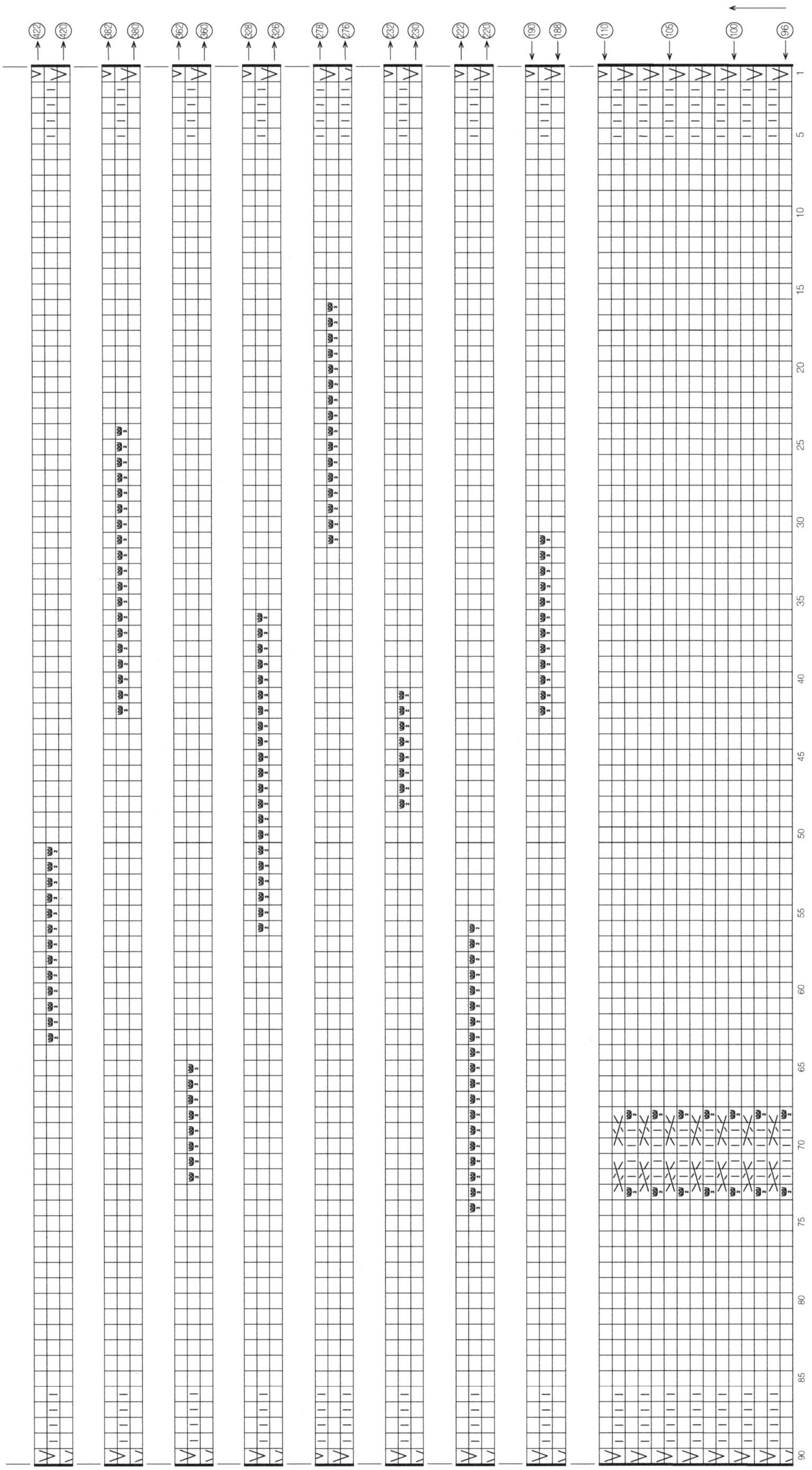
422
420
382
380
362
360
328
326
278
276
232
230
222
220
190
188
110
105
100
96
1
5
10
15
20
25
30
35
40
45
50
55
60
65
70
75
80
85
90

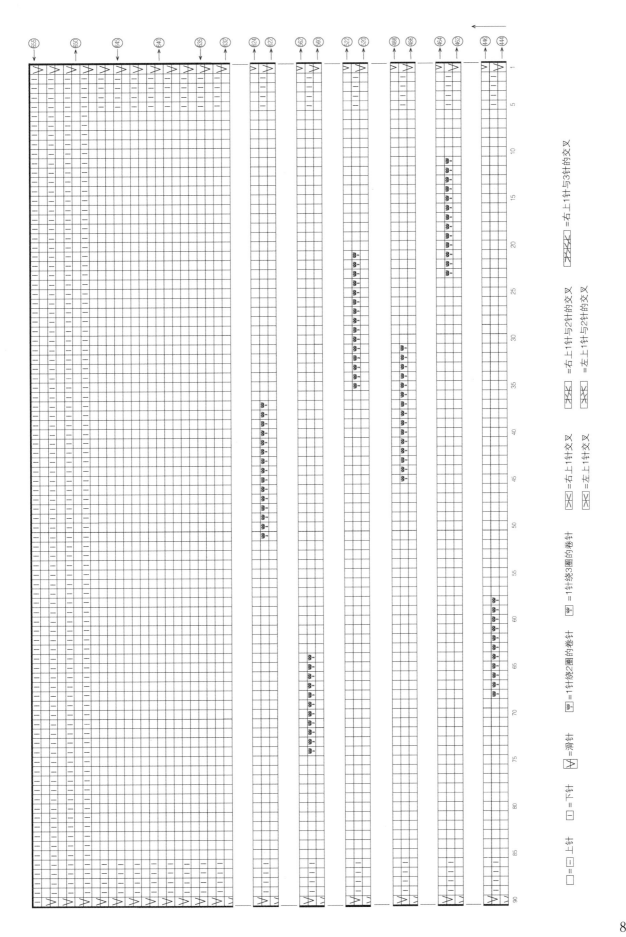

□=□=上针　□=下针　Ⓐ=滑针　圏=1针绕2圈的卷针　圏=1针绕3圈的卷针　図図=右上1针与3针的交叉

図=右上1针交叉　図=右上1针与2针的交叉

図=左上1针交叉　図=左上1针与2针的交叉

14 梅花纹镂空花边披肩

材料
回归线·锦瑟：芝士色 76 g

工具
棒针 3.75 mm

成品尺寸
宽 56 cm、长 189 cm

编织密度
10 cm × 10 cm 面积内：
编织花样 21 针，31 行

编织要点
手指起针 85 针，按编织花样编织主体部分。
边缘编织用另线锁针起针后开始编织，一边编织，一边在正面行的编织终点与中间的编织花样做 2 针并 1 针连接在一起。编织结束后休针，另一端拆除另线，做针目对针目的无痕缝合（起伏针）。最后按指定尺寸插上定位针后熨烫定型。

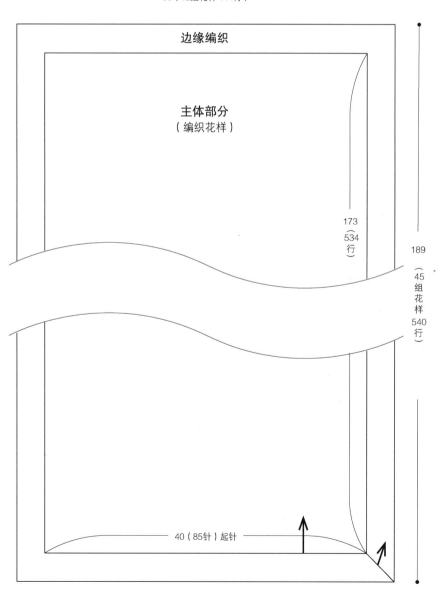

56（12组花样 144行）

边缘编织

主体部分
（编织花样）

173
（534
行）

189
（45
组
花
样
540
行）

40（85针）起针

边缘编织花样

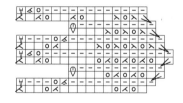

边缘编织花样
（有引返）

○ =德式引返

=上针的滑针 □ = □ 下针

※ 边缘编织花样另线锁针起针起15针，一组花样20行
※ 两侧长边第1组和最后1组边缘花样用有引返的花样图解

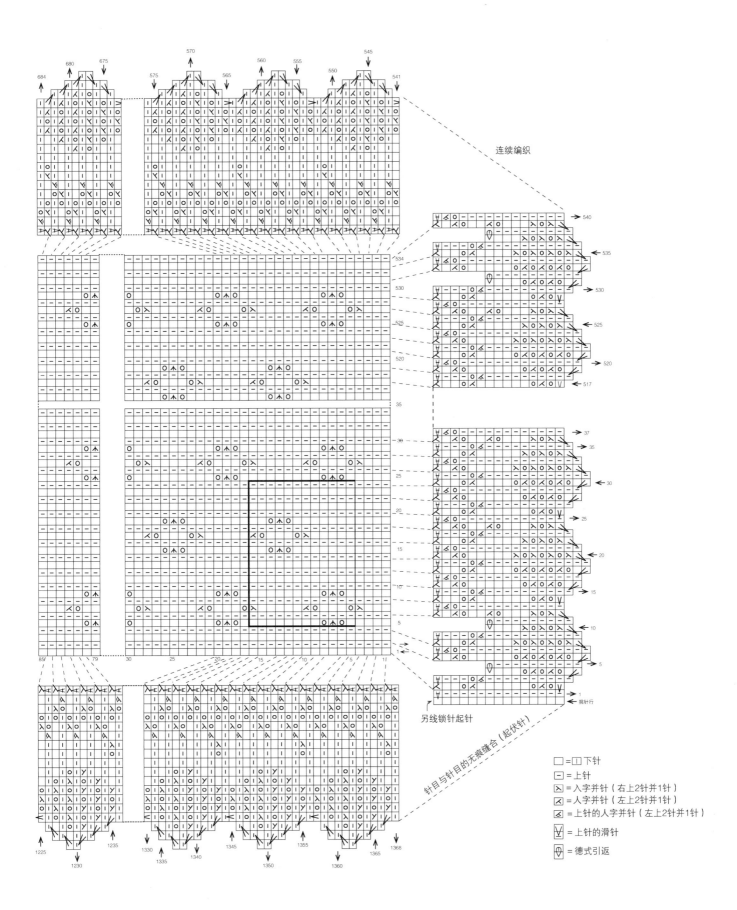

连续编织

针目与针目的无痕缝合（起伏针）

另线锁针起针

□ = □下针
□ = 上针
☒ = 入字并针（右上2针并1针）
☒ = 人字并针（左上2针并1针）
☒ = 上针的人字并针（左上2针并1针）
V = 上针的滑针
回 = 德式引返

89

15 双色编织刺子绣马甲

材料

回归线·遇见：藏蓝色 200 g

回归线·遇见：桦木色 50 g

回归线·悸动：深海蓝色 50 g

工具

棒针 3.5 mm、4.0 mm

成品尺寸

胸围 55 cm、衣长 56 cm、

肩宽 32 cm

编织密度

10 cm×10 cm 面积内：

配色编织　23 针，29 行

编织要点

前、后身片均以另线锁针起针，身片花样以横向渡线的方法按照图解编织。袖隆、前、后领窝的减针时，2 针或以上的做伏针减针，1 针的立起 1 针减针。肩部盖针接合，胁部挑针缝合。门襟、衣领、袖口挑取指定针目编织单罗纹针，解开另线挑织下摆单罗纹针。用悸动双股线做下针编织图五的织片，在织片上绣上图案，用卷针把织片缝在身片上。在后领处绣上图六中的图案。

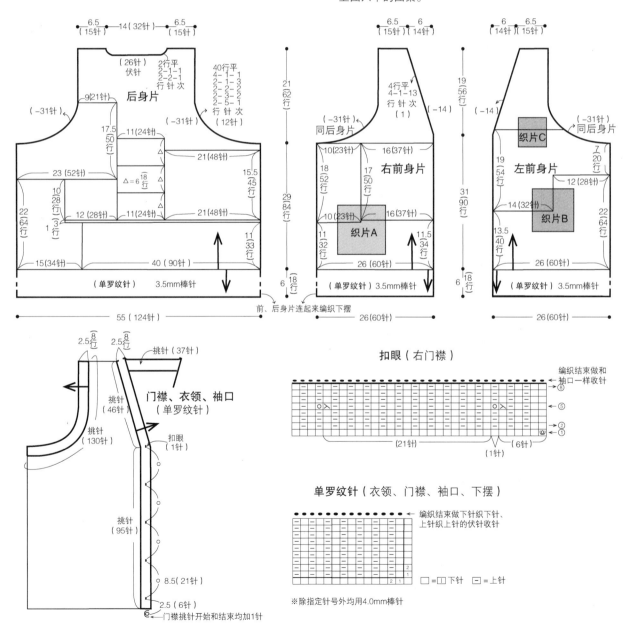

扣眼（右门襟）

单罗纹针（衣领、门襟、袖口、下摆）

□=□ 下针　　－ = 上针

※除指定针号外均用 4.0mm 棒针

图一　右前身片

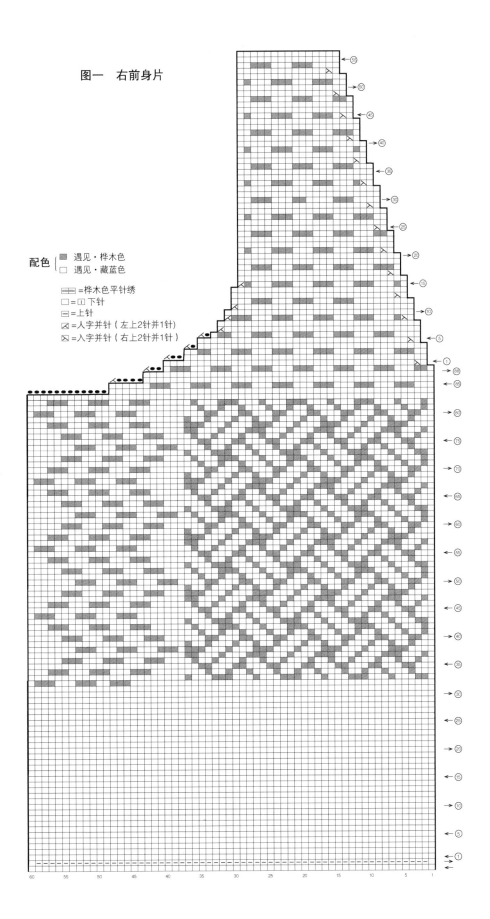

配色 { ■ 遇见·桦木色
　　　 □ 遇见·藏蓝色

▨ =桦木色平针绣
□ =☐ 下针
☐ =上针
⊠ =人字并针（左上2针并1针）
⊠ =人字并针（右上2针并1针）

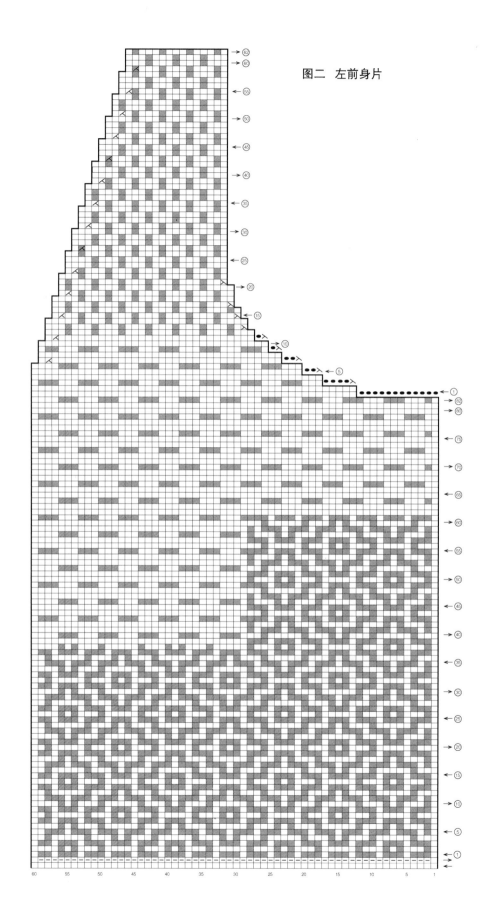

图二　左前身片

装饰织片
（悸动·深海蓝色双股）

织片A

11
32
行

11（24针）

织片B

8.5
26
行

9.5
（20针）

织片C

6.5
20
行

6.5
（14针）

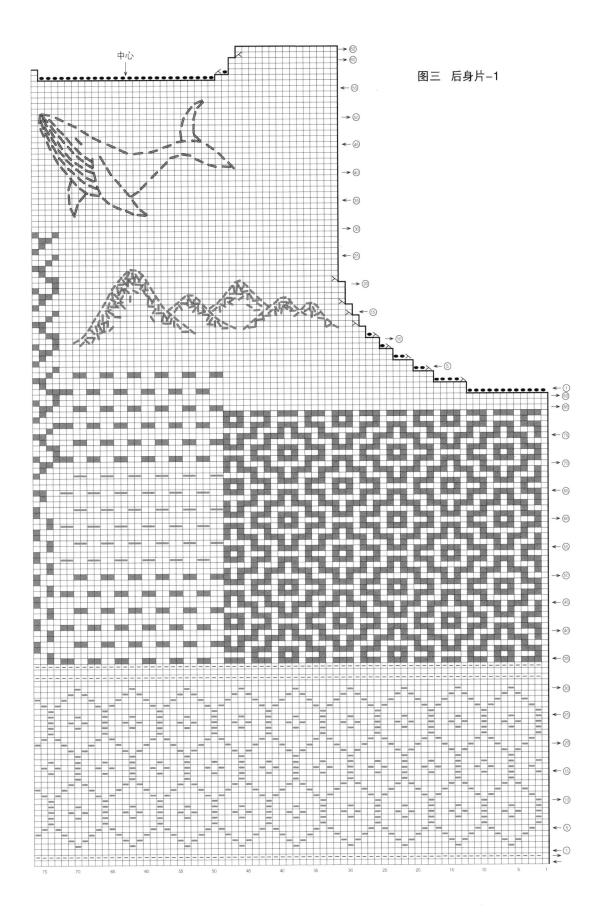

图三　后身片-1

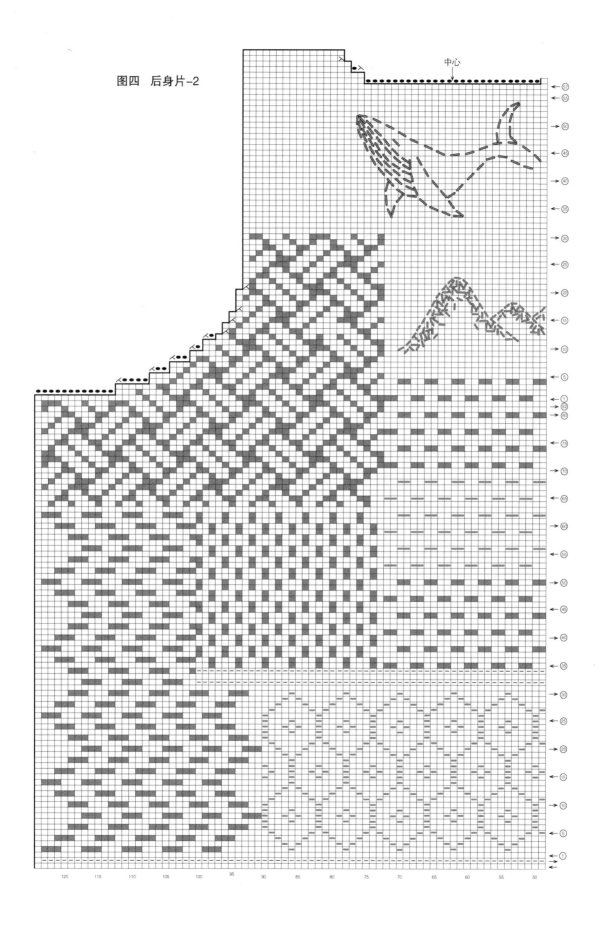

图四　后身片-2

图五 织片刺绣图

织片A   织片B   织片C

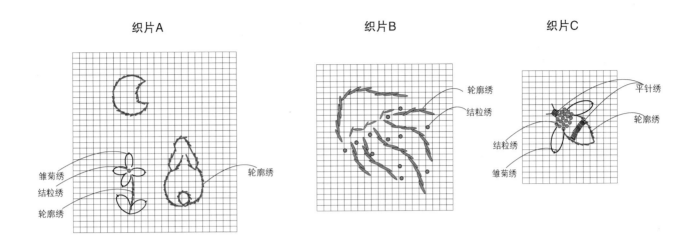

织片A：
雏菊绣
结粒绣
轮廓绣
轮廓绣

织片B：
轮廓绣
结粒绣

织片C：
平针绣
轮廓绣
结粒绣
雏菊绣

图六 后身片刺绣图

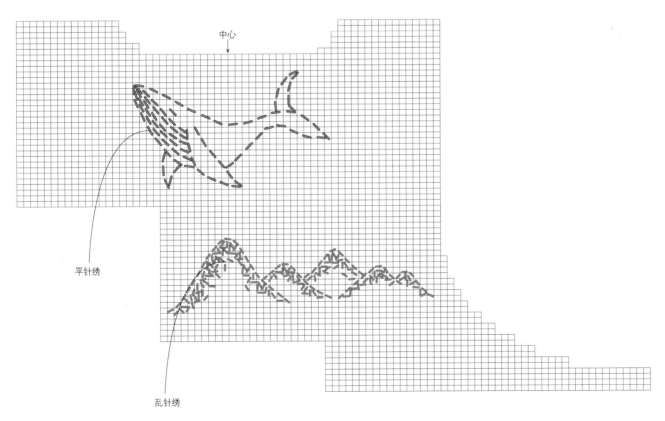

中心

平针绣

乱针绣

※ 平针绣、雏菊绣、轮廓绣见第135页

16 刺子绣方格毛毯

材料

回归线·念暖：白鹭色 130 g、
藏蓝色 207 g

工具

棒针 3.75 mm、3.25 mm

成品尺寸

长 88 cm、宽 80 cm

编织密度

10 cm × 10 cm 面积内：
配色编行　26 针，30 行

编织要点

● 配色编织部分：手指起针，每片花片起针 43 针，编织 43 行后，做上针的伏针收针。花片 1、2、3、5、9、11、13、15、17、19、21、23、25 渡线在外编织。花片用毛衣缝针以挑针缝合拼接。

● 边缘编织部分：横向每个针目都挑，挑 205 针（因为正面挑针缝合，会缝掉 2 针边针，毯子 4 个角的边针，用来作毯子边的中心针）。第 2 行编织花样的同时，做分散减针，减针后为 165 针。纵向每行都挑，挑 215 针，在第 2 行编织花样的同时，做分散减针，减针后为 175 针。毯子边缘编织桂花针，第 1 行是 1 针下针，1 针上针，第 2 行，下针的地方织上针，上针的地方织下针。毯子的每四个角留一针中心针（分别是挑在花片 1 第 1 行的第 1 针、花片 5 第 1 行的第 43 针、花片 21 第 43 行的第 1 针和花片 25 第 43 行的第 43 针），每 2 行在中心针两边各加 1 针。编织 10 行后，做伏针收针。

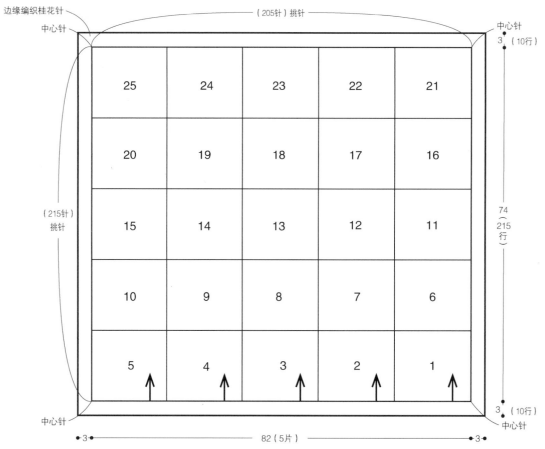

※ 除毯子边桂花针用3.25mm棒针外均用3.75mm棒针

桂花针

□ = 上针

配色花样1

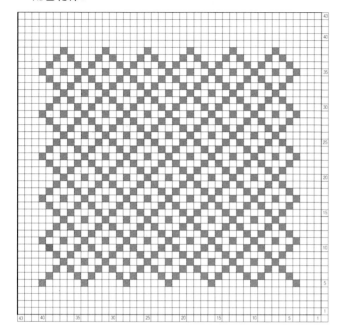

配色花样3

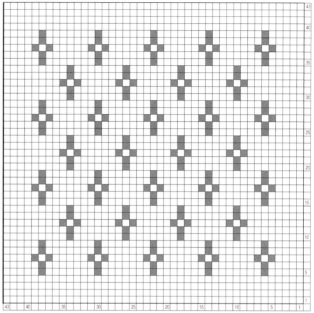

配色花样2

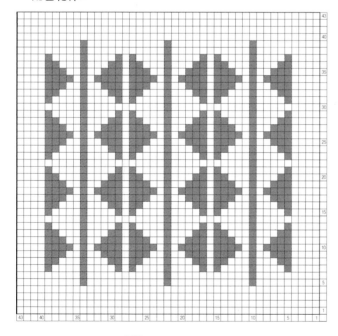

配色花样4

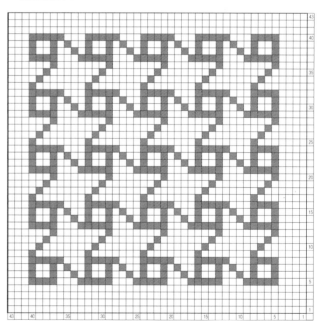

□ = ① 下针

配色 { ▨ 白鹭色
　　　 □ 藏蓝色

97

配色花样5

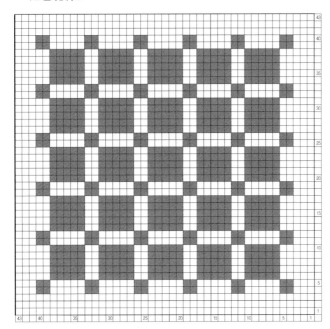

配色花样7

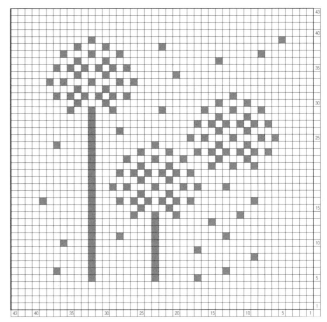

配色花样6

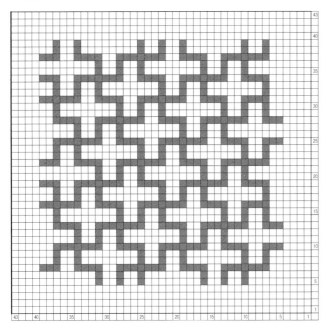

配色花样8

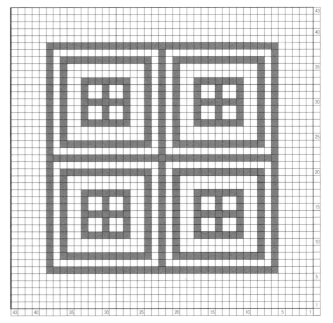

□ = ☐ 下针

配色 ┃ ▨ 白鹭色
　　┃ □ 藏蓝色

配色花样9

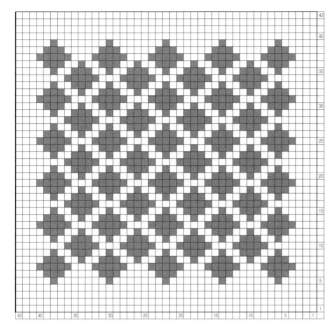

配色花样11

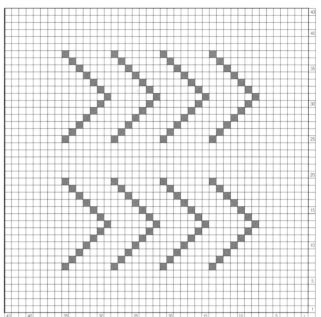

配色花样10

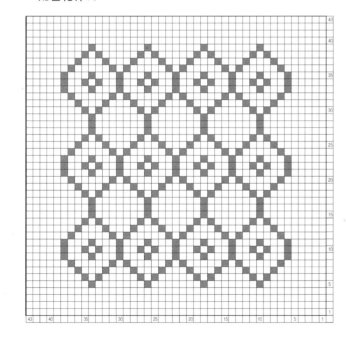

配色花样12

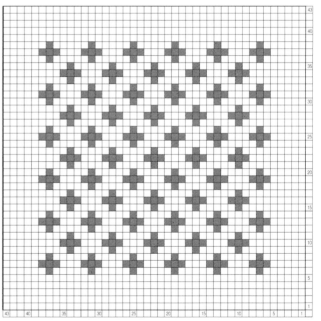

□ = ① 下针

配色 { ▨ 白鹭色
      □ 藏蓝色

配色花样13

配色花样15

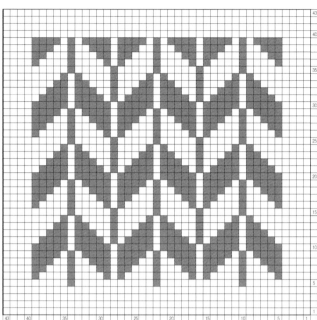

配色花样14

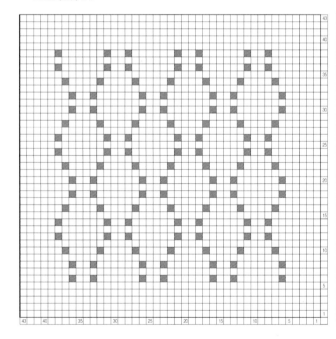

配色花样16

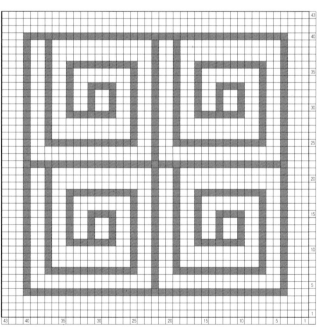

□ = □ 下针

配色 { ▨ 白鹭色
       □ 藏蓝色

配色花样17

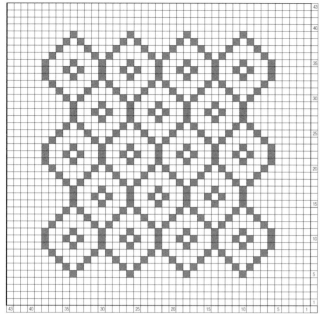

配色花样19

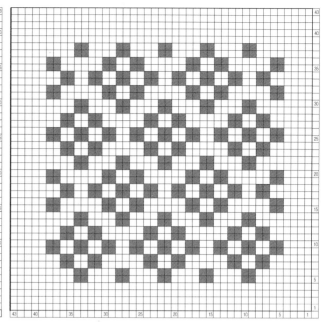

配色花样18

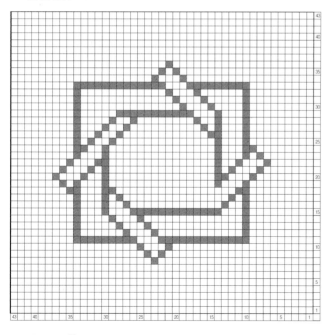

配色花样20

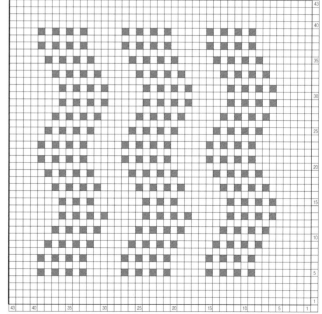

□ = ① 下针

配色 { 白鹭色 (■)
       藏蓝色 (□)

配色花样21

配色花样23

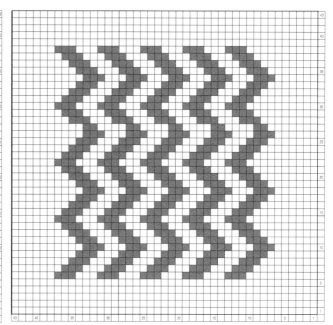

配色花样22

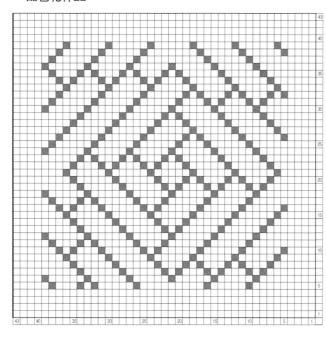

配色花样24

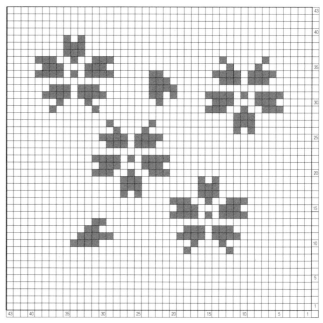

□ = Ⅰ 下针

配色 { ▨ 白鹭色
　　　 □ 藏蓝色

配色花样25

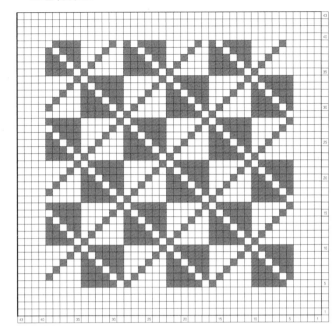

□ = □ 下针

配色 ⌈ ▨ 白鹭色
⌊ □ 藏蓝色

渡线方法的示范

配色线拿到前面来。

主色线正常织，配色线再拿到后面。

反面。

正面。

17 无染系列：Y领开衫

材料
回归线·溯原：茶白色 715 g

工具
棒针 5.0 mm、4.0 mm

成品尺寸
胸围 120 cm、衣长 56 cm

编织密度
10 cm × 10 cm 面积内：
下针编织　20 针，27 行
花样 A　27 针，27 行
花样 B　29 针，27 行
花样 C　29 针，27 行

编织要点

- 用罗纹针法起针，后身片做下针编织，前身片和袖子编织单罗纹针和花样。减 2 针或 2 针以上时做伏针减针，减 1 针时立起侧边 1 针减针，袖子加针时，在 1 针内侧编织扭针加针，肩部做引返编织。

- 组合：肩部做盖针接合，胁部做挑针缝合。门襟连着领子按图示另行编织后，与身片做缝合。

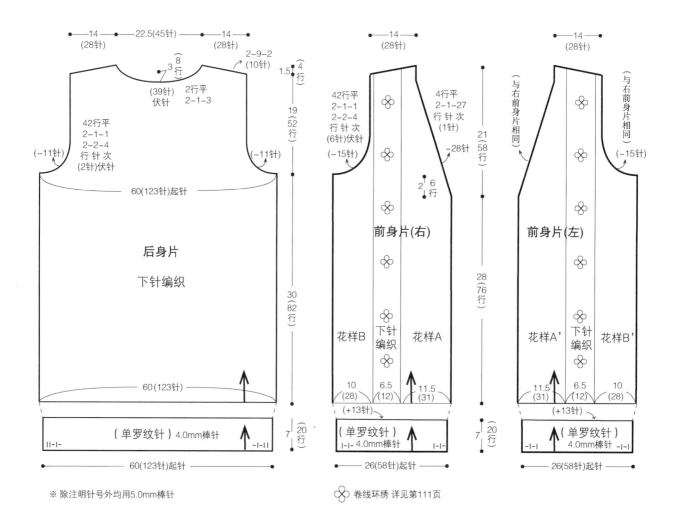

※ 除注明针号外均用5.0mm棒针

❀❀ 卷线环绣 详见第111页

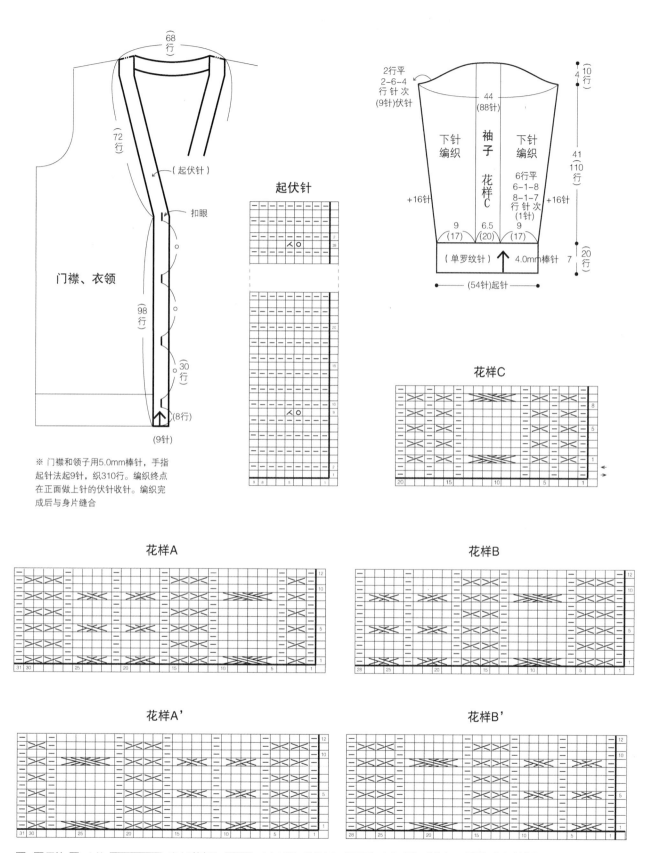

门襟、衣领

起伏针

(起伏针)

扣眼

(68行)

(72行)

(98行)

(30行)

(8行)

(9针)

※ 门襟和领子用5.0mm棒针，手指
起针法起9针，织310行。编织终点
在正面做上针的伏针收针。编织完
成后与身片缝合

袖子
花样C

下针
编织

下针
编织

2行平
2-6-4
行针次
(9针)伏针

44
(88针)

+16针

+16针

6行平
6-1-8
8-1-7
行针次
(1针)

9
(17)

6.5
(20)

9
(17)

(单罗纹针)   4.0mm棒针   7

(54针)起针

(10行)
4

41
110
行

(20行)

花样C

花样A

花样B

花样A'

花样B'

□ = ① 下针   — = 上针   ⟩⟨⟩⟨ =左上3针交叉   ⟩⟨ =左上2针与1针的交叉   ⟨⟩ =右上2针与1针的交叉   ⟩⟨ =左上1针交叉

105

18 无染系列：时尚宽腿裤

材料

回归线·溯原：茶白色 640 克
松紧带 1 条：宽 4 cm、长 80 cm

工具

棒针 5.0 mm、4.0 mm

成品尺寸

裤长 97 cm、臀围 96 cm

编织密度

10 cm×10 cm 面积内：
下针编织　19.5 针，22 行
编织花样　27 针，22 行

编织要点

手指起针法起针，从裤脚往上编织。按图示花样分别编织，编织完主体部分后，开始罗纹针的第 1 行织下针并分散加针 16 针（加到总针数 108 针），罗纹针终点，做下针的伏针收针。前后裤片做挑针缝合。腰头装入松紧带，用卷针缝合。

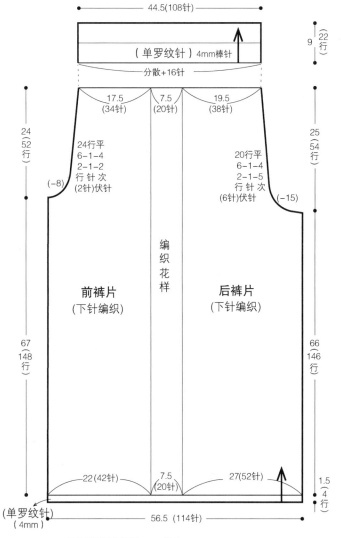

44.5(108针)

（单罗纹针）4mm棒针

9（22行）

分散+16针

17.5（34针）　7.5（20针）　19.5（38针）

24（52行）

24行平
6-1-4
2-1-2
行针次
(2针)伏针

(-8)

25（54行）

20行平
6-1-4
2-1-5
行针次
(6针)伏针

(-15)

前裤片
（下针编织）

编织花样

后裤片
（下针编织）

67（148行）

66（146行）

22(42针)　7.5（20针）　27(52针)

1.5（4行）

（单罗纹针）（4mm）

56.5 (114针)

※除注明针号外均用5.0mm棒针

编织花样

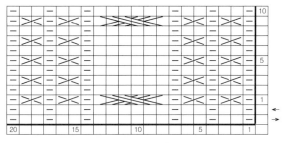

□=［|］下针　□=上针　▨▧▨=右上3针交叉　▨▧=左上1针交叉

单罗纹针

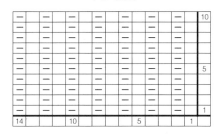

□=［|］下针　□=上针

19 无染系列：V 领背心

材料

回归线 · 溯原：茶白色 640 g

工具

棒针 5.0 mm、4.0 mm

成品尺寸

胸围 94 cm、衣长 96 cm

编织密度

10 cm × 10 cm 面积内：

花样 A　27 针，27 行

花样 B　24 针，27 行

编织要点

- 手指起针，编织单罗纹针，继续按图示花样编织。袖窿减针后，袖口两侧的边针做下针编织（正面织下针，反面织上针），袖口不再挑针另织。

- 组合：肩部盖针接合，胁部做挑针缝合。领子按图示另行编织后，与领口缝合。

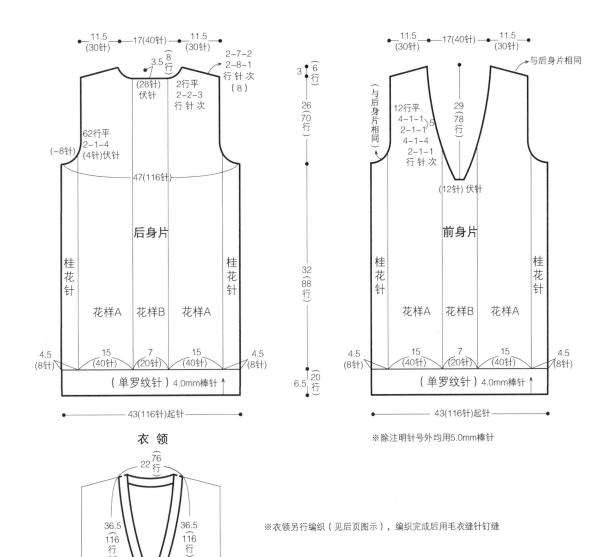

※除注明针号外均用5.0mm棒针

※衣领另行编织（见后页图示），编织完成后用毛衣缝针钉缝

花样B

花样C（桂花针）　　　　　起伏针

衣　领

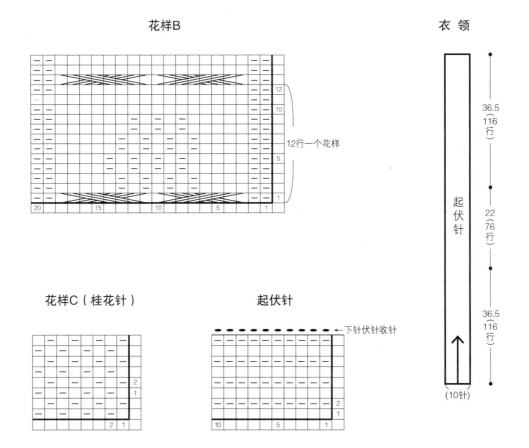

12行一个花样

起伏针

36.5
(116
行)

22
(76行)

36.5
(116
行)

←下针伏针收针

（10针）

花样A

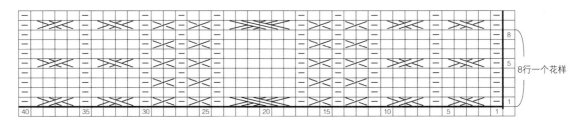

8行一个花样

□ = □ 下针　　□ =上针　　✕✕✕ =右上3针交叉　　✕✕ =左上2针交叉　　✕✕ =右上2针交叉　　✕✕ =左上1针交叉

20 无染系列：短裙

材料

回归线·溯原：茶白色 385 g
松紧带 1 条：宽 4 cm、长 80 cm

工具

棒针 4.0 mm、5.0 mm

成品尺寸

裙长 39.5 cm、臀围 96 cm

编织密度

10 cm × 10 cm 面积内：
下针编织　18.5 针，24 行
花样 A　26 针，24 行
花样 B　28.5 针，24 行

编织要点

手指起针法起针，从腰头开始往下编织。按图示花样分布编织，编织至下摆罗纹针终点，做下针织下针、上针织上针的伏针收针。前、后片胁边做挑针缝合，腰头装入松紧带后卷针缝合。

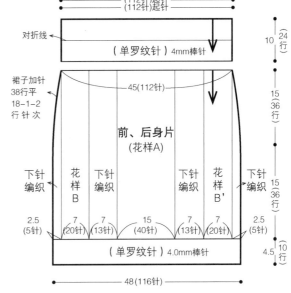

单罗纹针

花样A

花样B

花样B'

□ =□ 下针　□ =上针　☒ =左上2针交叉　☒ =右上2针交叉　☒ =左上1针交叉　☒ =右上3针交叉

21 无染系列：围巾

材料

回归线·溯原：茶白色 295 g

工具

棒针 5.0 mm

成品尺寸

长 193 cm、宽 45 cm

编织密度

10 cm × 10 cm 面积内：

下针编织　18.5 针，24 行

花样 A　28.5 针，24 行

编织要点

手指起针，按图示依次编织起伏针、花样 A、下针、花样 A、起伏针，共编织 488 行后，下针伏针收针。用 1 股毛线在围巾上作卷线环绣。将毛线双股剪 13 cm 长线段 46 份，在两端分别系上 23 根流苏。

起伏针

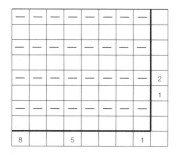

□ = □下针　□ = 上针

编织花样

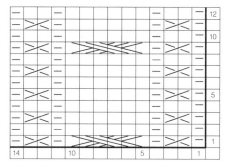

□ = □下针　□□ = 左上1针交叉

□ = 上针　□□□□ = 右上3针交叉

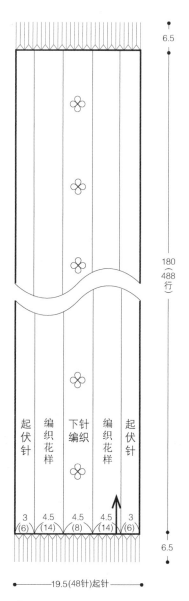

⚛ 卷线环绣见下页

卷线环绣示范

卷线环绣是卷线绣的一种变化。与卷线绣的绣法类似。

 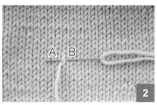 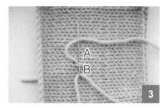 

在织物背面固定好线头，从 A 点拉出线。

从 B 点入针，穿过织物至 A 点出针。

顺时针方向旋转织物，拉住 A 点处的线。

将线顺时针方向在针上绕 10 圈。

  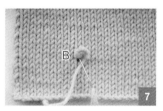 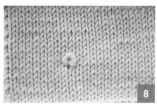

左手拇指按住线圈，从织物和线圈中缓缓拉针拉线。

继续拉线。拉紧线，固定好位置，是绣结弯成环形。

从 B 点入针，固定环形绣结。

拉出线，在织物背面结束刺绣。完成 1 个卷线环绣。

将线从织物背面穿过绣圈中心，固定。

固定后的效果。

按照以上方法，完成 4 个卷线环绣。

流苏制作示范

将毛线双股剪成 13 cm 长的线段，准备若干条。

钩针针头从织物边缘的背面往正面上来，勾住毛线段的对折处。

钩针把毛线拉到织物的背面，形成线圈。

将毛线两端线头穿过线圈。

收紧线圈。重复以上步骤，挂满所需流苏。

将流苏分一半与旁边流苏的一半打结。

在下方形成三角形。

重复步骤 6，完成所有流苏。

22 拼布风羊毛毯

材料

回归线·悸动：芝士色 72 g、墨黑色 21 g、
月雾灰色 122 g、春江蓝色 63 g、抹茶色
38 g、藏青色 48 g、砂砾色 37 g
回归线·慕颜：芝士色 8 g、浅花灰色 18 g、
抹茶色 9 g、砂砾色 9 g

工具

棒针 3.5 mm

成品尺寸

长 105 cm、宽 70 cm

编织密度

10 cm × 10 cm 面积内：
配色花样　26 针，28 行
桂花针　22 针，40 行

编织要点

● 手指起针，根据提花图织出花片 A、B、C1、
C2。花片结束，下针伏针收针。长尾起针，
起针为奇数，用桂花针织出花片 D1、D2、
D3、D4。花片结束，下针伏针收针。

● 按照缝合示意图对各花片进行挑针缝合。

● 挑织边饰，毯子背面朝上，以右上角★处为
起点，逆时针编织。长尾起针起 4 针，织 3
下针，第 4 针与毯子边针织右上 2 并 1。不
翻面，使棒针上的所有针目从棒针的左端移
动到右端。重复以上步骤，直到织完毯子边
缘的所有针目。对边饰首位进行下针编织无
缝缝合。

● 洗湿后参照缝合示意图上的尺寸定型。

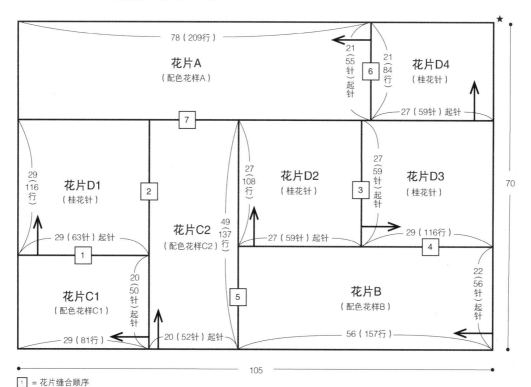

□ = 花片缝合顺序

I-cord 挑织毯子边饰的编织方法

⊠ = 右上2针并1针
□ = 下针

桂花针

□ = □ 上针

花片 D1、D2、D3、D4、边饰用线表

花片D1	悸动·月雾灰色双股、慕颜·浅花灰色单股
花片D2	悸动·砂砾色双股、慕颜·浅驼色单股
花片D3	悸动·抹茶色双股、慕颜·抹茶色单股
花片D4	悸动·芝士色双股、慕颜·芝士色单股
边饰	悸动·月雾灰色双股、慕颜·浅花灰色单股

※挑织毯子边饰时，背面朝上，以右上角★处为起点；起4针，织3下针，第4针和毯子边针织右上2针并1针。
编织完第1行后，将线从后面拉至编织起点处，朝相同方向编织第2行；重复以上操作。
毯子转角处需要在1个针目里挑织2针

花片A（配色花样A）

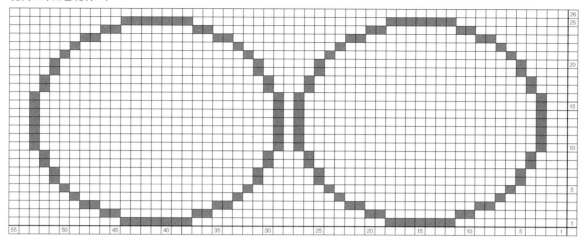

配色 [□ 悸动·春江蓝色双股
■ 悸动·月雾灰色双股　※花片A内花样分布纵向8组

花片B（配色花样B）

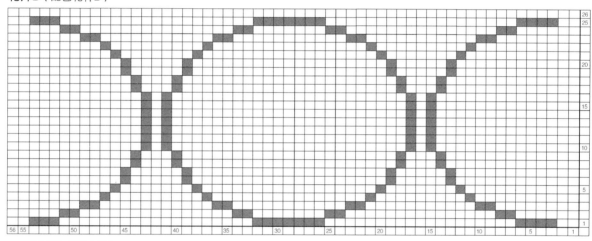

配色 [□ 悸动·藏青色双股
■ 悸动·月雾灰色双股　※花片B内花样分布纵向6组

花片C1（配色花样C1）

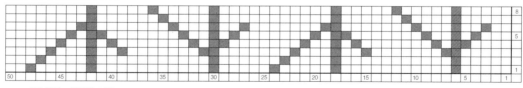

配色 [□ 悸动·墨黑色双股
■ 悸动·芝士色双股　※花片C1内花样分布纵向10组

花片C2（配色花样C2）

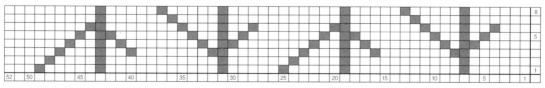

配色 [□ 悸动·芝士色双股
■ 悸动·月雾灰色双股　※花片C2内花样分布纵向17组

23 山间精灵插肩袖开衫：儿童款

材料

回归线・向往 / 悸动（参照用线表）

直径 1.8 cm 椰壳纽扣 5 颗

工具

棒针 4.0 mm、3.5 mm

成品尺寸

衣长 43 cm、胸围 68 cm、袖长 27 cm

编织密度

10 cm × 10 cm 面积内：

下针编织　22 针，32 行

编织要点

双股线手指起针，从领子开始编织。先用单罗纹针编织领子，接着用下针编织育克。后身片比前身片多织 6 行，腋下卷针加针，前、后身片连在一起编织，后身片树形图案用纵向配色编织，下摆图案用横向配色编织。门襟挑取指定针目，编织单罗纹针，编织结束伏针收针。袖子按图示挑取指定针目，从上往下环形编织，袖口编织单罗纹针，编织结束做上针织上针、下针织下针的伏针收针。

用线表

线材	颜色	用量
向往	鲜沼绿色	160g
悸动	樱草色	8g
	抹茶色	10g
	枯草色	5g
	深花灰色	3g
	朱果色	3g
	丁香色	3g
	胭粉色	3g
	石榴红色	3g
	城堡蓝色	3g

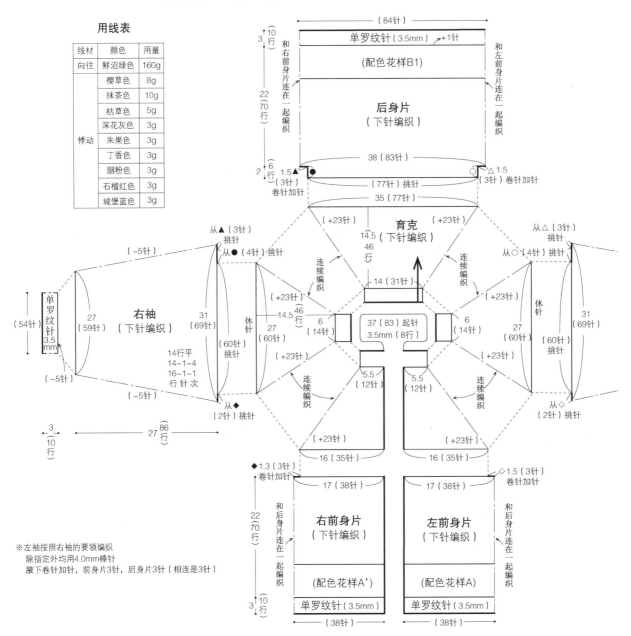

※左袖按照右袖的要领编织

除指定外均用 4.0mm 棒针

腋下卷针加针，前身片 3 针，后身片 3 针（相连是 3 针）

育克的加针

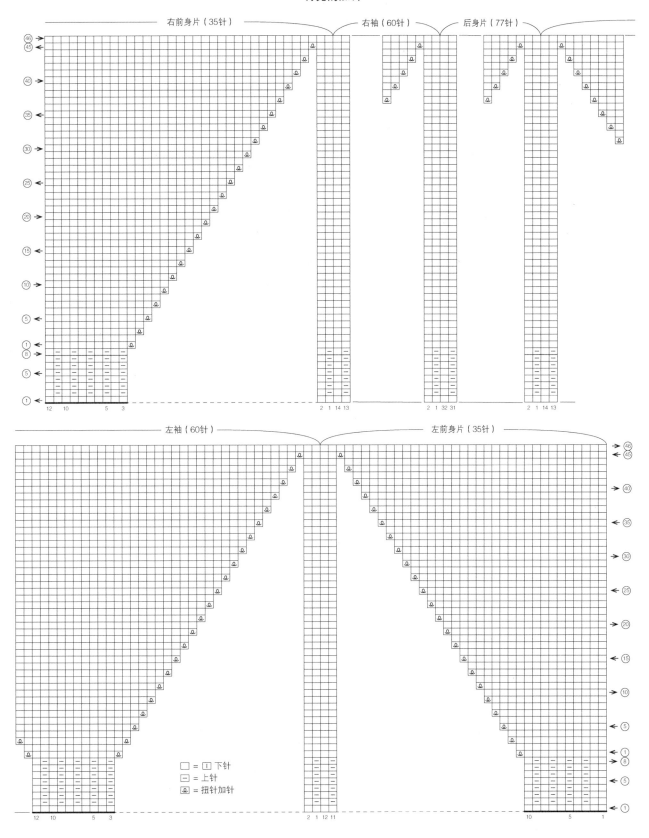

右前身片（35针）　　右袖（60针）　　后身片（77针）

左袖（60针）　　左前身片（35针）

□ = □ 下针
－ = 上针
⚲ = 扭针加针

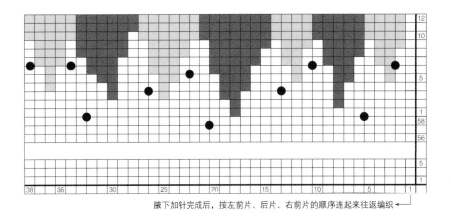

配色花样A（左前身片）

配色
□	向往・鲜沼绿色	
▨	悸动・抹茶色	
■	悸动・樱草色	
●	= 结粒绣	

※结粒绣用线为悸动，颜色可自由选择

——腋下加针完成后，按左前片、后片、右前片的顺序连起来往返编织 ←——

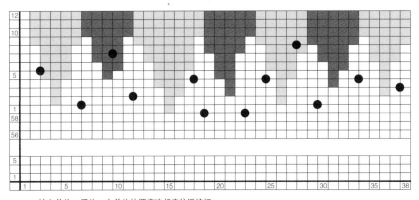

配色花样A'（右前身片）

——→ 按左前片、后片、右前片的顺序连起来往返编织

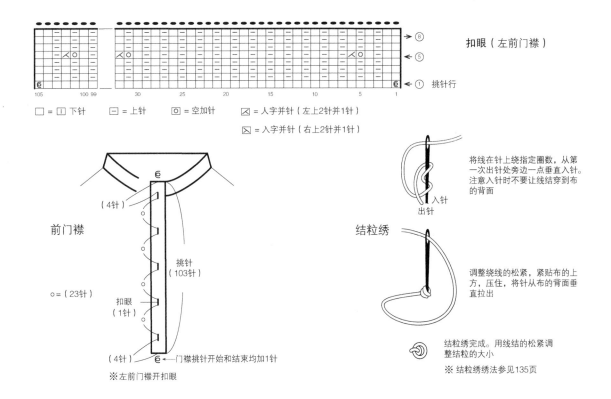

扣眼（左前门襟）

□ = ☐ 下针　　─ = 上针　　○ = 空加针　　人字并针（左上2针并1针）

人字并针（右上2针并1针）

→ ⑧
← ⑤
→ ① 挑针行

前门襟

（4针）

挑针
（103针）

o = （23针）

扣眼
（1针）

（4针）

门襟挑针开始和结束均加1针

※左前门襟开扣眼

将线在针上绕指定圈数，从第一次出针处旁边一点垂直入针。注意入针时不要让线结穿到布的背面

入针
出针

结粒绣

调整绕线的松紧，紧贴布的上方，压住，将针从布的背面垂直拉出

结粒绣完成。用线结的松紧调整结粒的大小

※结粒绣绣法参见135页

配色花样B（后身片）

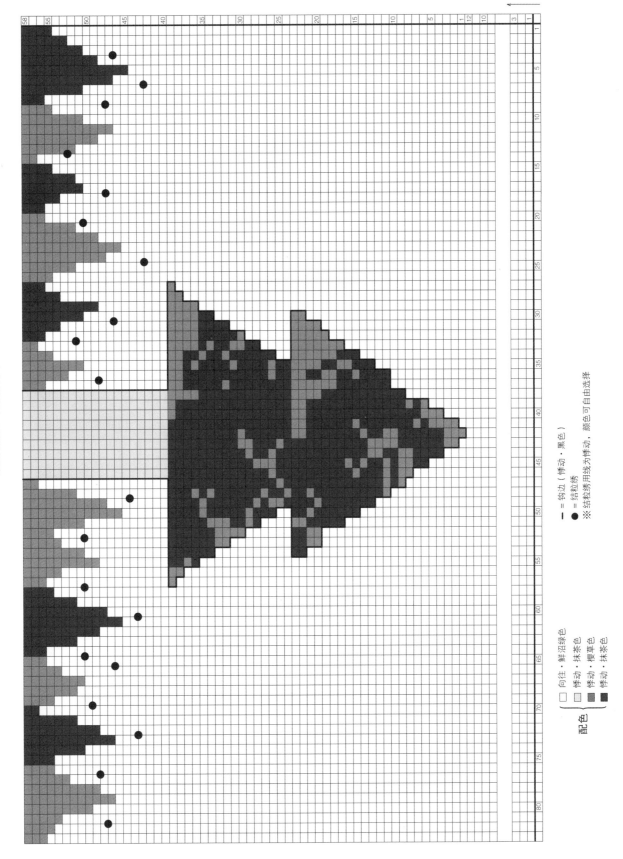

一 = 钩边（棒动・黑色）
・ = 结粒绣
● = 结粒绣用线为棒动，颜色可自由选择
※ 结粒绣用线为棒动，颜色可自由选择

配色 {
□ 向往・鲜沼绿色
棒动・抹茶色
棒动・樱草色
棒动・抹茶色
棒动・抹茶色
}

117

24 山间精灵插肩袖开衫：成人款

材料

回归线·向往／悸动（参照用线表）

直径 1.8 cm 椰壳纽扣 6 颗

工具

棒针 4.0 mm、3.5 mm

成品尺寸

衣长 53 cm、胸围 89 cm、连肩袖长 63.5 cm

编织密度

10 cm × 10 cm 面积内：

下针编织 22 针，32 行

编织要点

育克、身片、袖全部用双股线手指绕线起针，从领口开始往下编织。后身片比前身片多织 8 行。腋下手指绕线起针加针。领口、袖口、门襟和下摆织单螺纹针，其余身体部分均织下针。编织结束后伏针收针，门襟挑针织单螺纹针，后身片树形图案用纵向渡线方式编织。下摆图案用横向渡线方式编织。

用线表

线材	颜色	用量
向往	鲜沼绿色	255g
悸动	樱草色	10g
	抹茶色	20g
	枯草色	10g
	深花灰色	3g
	朱果色	3g
	丁香色	3g
	胭粉色	3g
	石榴红色	3g
	城堡蓝色	3g

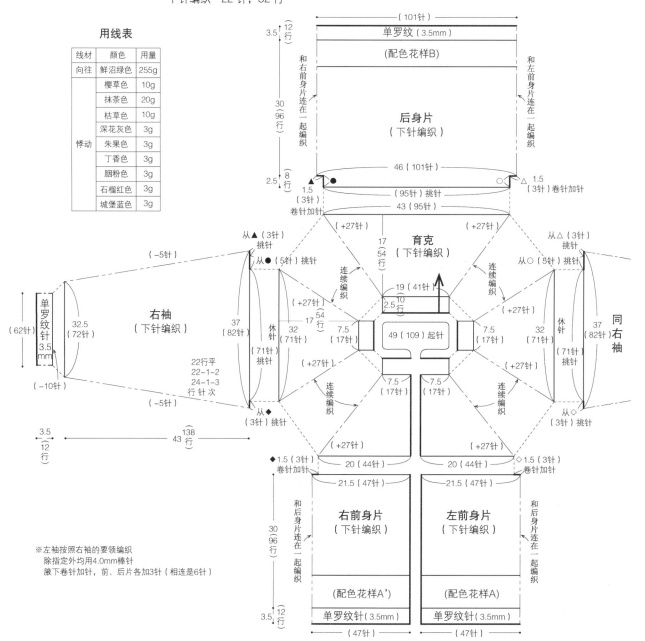

※左袖按照右袖的要领编织
　除指定外均用4.0mm棒针
　腋下卷针加针，前、后片各加3针（相连是6针）

育克的加针

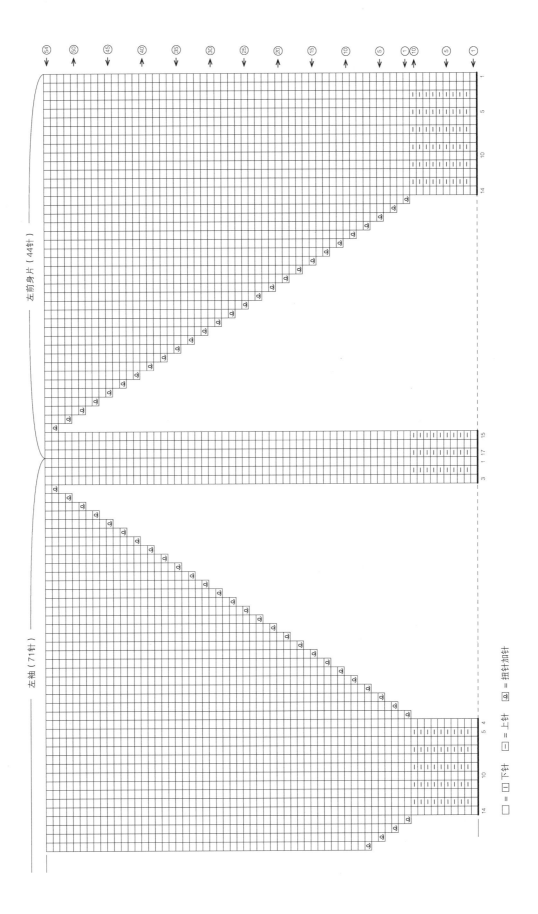

左前身片（44针）

左袖（71针）

□ = □ 下针 □ = 上针 ⬚ = 扭针加针

119

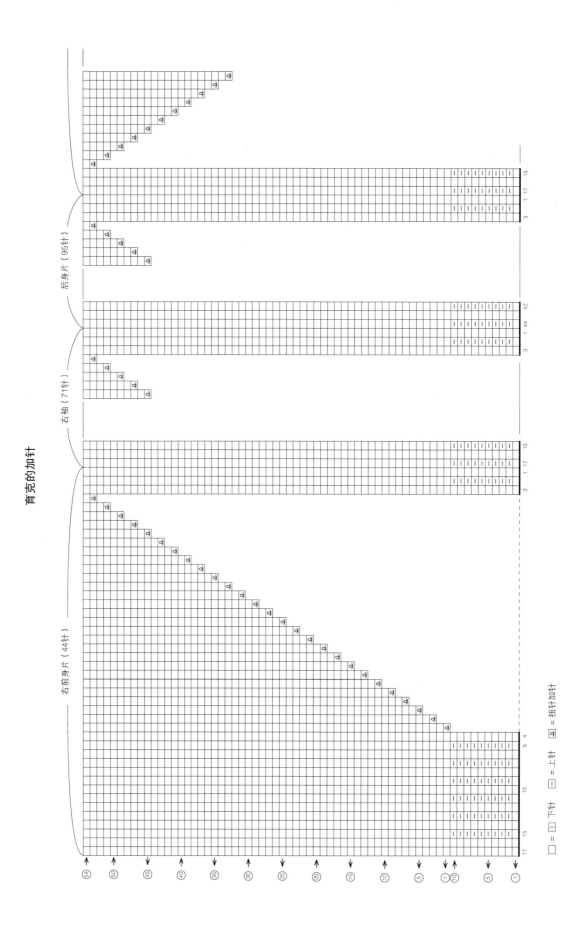

育克的加针

后身片（95针）

右袖（71针）

右前身片（44针）

□ = □ 下针　□ = 上针　▣ = 扭针加针

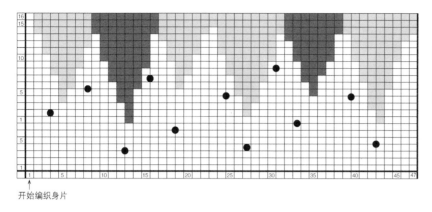

配色花样A（左前身片）

配色
　□ 向往·鲜沼绿色
　▨ 悸动·抹茶色
　■ 悸动·樱草色
　● =结粒绣

※结粒绣用线为悸动，颜色可自由选择

开始编织身片

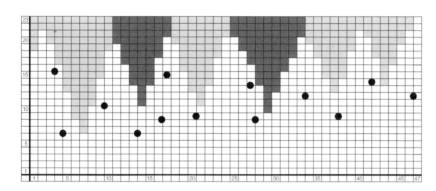

配色花样A'（右前身片）

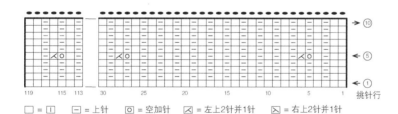

扣眼（右前门襟）

挑针行

□ = ① 　 ⊟ = 上针 　 ⊙ = 空加针 　 ⤬ = 左上2针并1针 　 ⤬ = 右上2针并1针

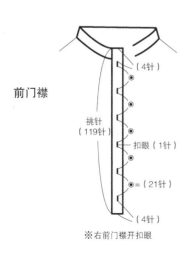

前门襟

挑针
（119针）

（4针）

扣眼（1针）

● = （21针）

（4针）

※右前门襟开扣眼

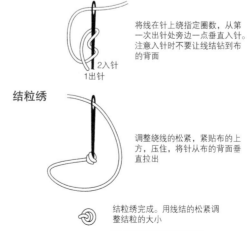

结粒绣

将线在针上绕指定圈数，从第一次出针处旁边一点垂直入针。注意入针时不要让线结钻到布的背面

2入针
1出针

调整绕线的松紧，紧贴布的上方，压住，将针从布的背面垂直拉出

结粒绣完成。用线结的松紧调整结粒的大小

※结粒绣绣法参见135页

后身片配色花样B（1）

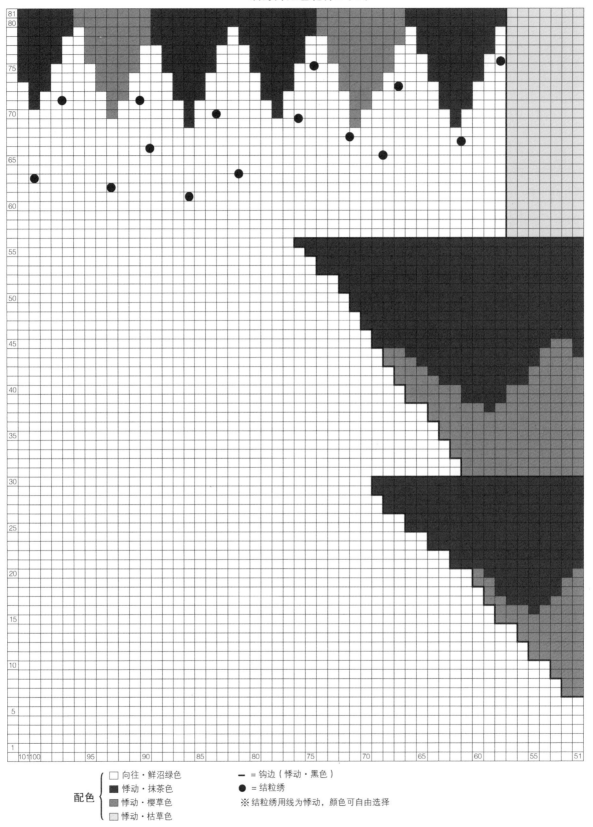

配色 {
向往·鲜沼绿色
悸动·抹茶色
悸动·樱草色
悸动·枯草色
}

━ = 钩边（悸动·黑色）
● = 结粒绣
※ 结粒绣用线为悸动，颜色可自由选择

后身片配色花样B（2）

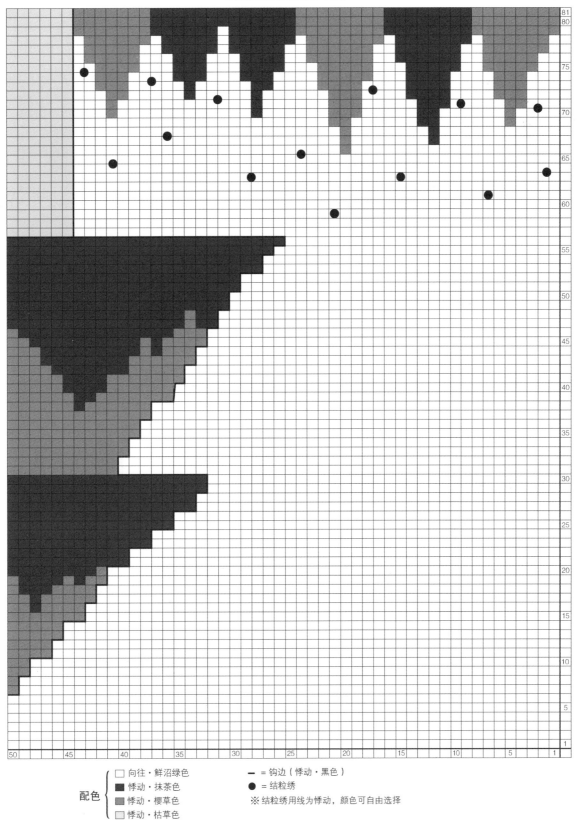

配色 {
⬜ 向往·鲜沼绿色
⬛ 悸动·抹茶色
▨ 悸动·樱草色
▧ 悸动·枯草色
}

— = 钩边（悸动·黑色）

● = 结粒绣

※ 结粒绣用线为悸动，颜色可自由选择

25 小森林祖母方块配色护耳帽

材料

回归线·遇见：墨绿色（双股）15 g、焦茶色 10 g

回归线·悸动：肤色（双股）25 g

回归线·念暖：硫黄色（双股）10 g

工具

钩针 7.5/0（4.5 mm）

成品尺寸

头围 43 cm、帽深 13 cm

编织密度

花片 15 cm × 15 cm

编织要点

分别钩织完成花片 A、花片 B（2 片）、花片 C，先将花片 B 与花片 A，正面相对，在反面钩引拔针做 1 针对 1 针的引拔结合。再将组合完成的 3 个花片与花片 C 正面相对，在反面按指定针数接合。沿着拼好的帽子外圈，钩 1 行短针作为边缘，再用双股焦茶色分别从花片 B 的两个角上钩出一条双重锁针链系带。

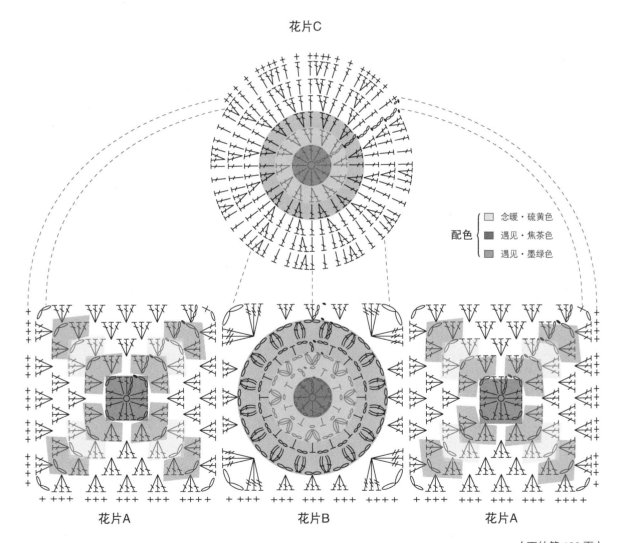

花片C

配色 { 念暖·硫黄色
遇见·焦茶色
遇见·墨绿色 }

花片A　　　　花片B　　　　花片A

（下转第 126 页）

26 小森林祖母方块绿色护耳帽

材料

回归线·遇见：墨绿色（双股）60 g

纽扣 1 枚

工具

钩针 7.5/0（4.5 mm）

成品尺寸

头围 43 cm、帽深 13 cm

编织密度

花片 15 cm × 15 cm

编织要点

分别钩织完成花片 A（3 片）、花片 B，先将 3 片花片 A 正面相对，在反面钩引拔针做引拔接合。再将组合完成的 3 个花片与花片 B 正面相对，在反面按指定针数接合。沿着拼好的帽子外圈，钩 1 行短针作为边缘，完成一圈后继续钩织 14 针锁针，挑里山钩出 14 针长针，与短针边缘的第 1 针做引拔，完成整个边缘。最后在帽子的另一侧钉上扣子。

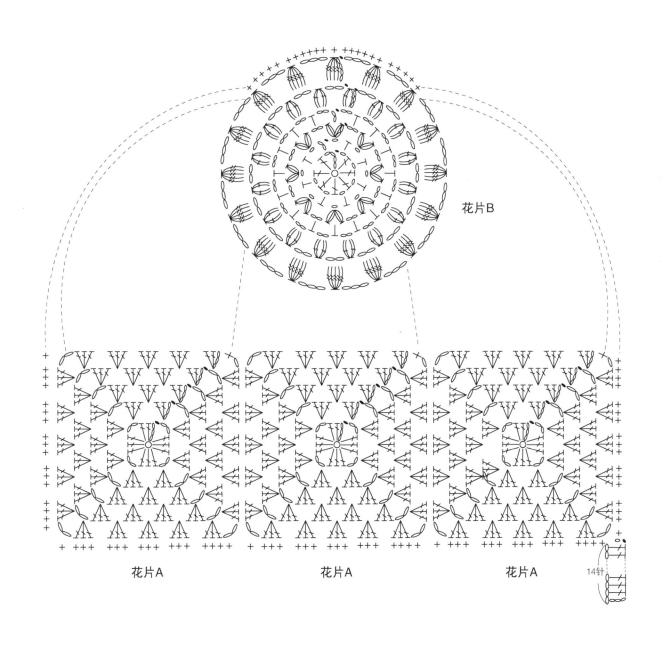

花片B

花片A   花片A   花片A   14针

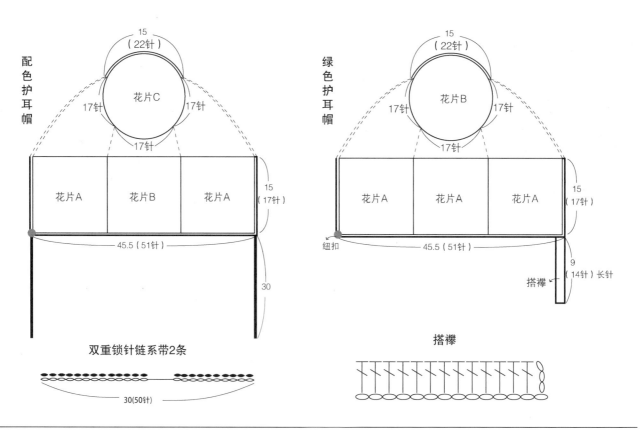

配色护耳帽

15
（22针）

花片C

17针　17针

17针

花片A　花片B　花片A

45.5（51针）

15
（17针）

30

双重锁针链系带2条

30(50针)

绿色护耳帽

15
（22针）

花片B

17针　17针

17针

花片A　花片A　花片A

45.5（51针）

纽扣

15
（17针）

9
（14针）长针

搭襻

搭襻

27 （上接 128 页）

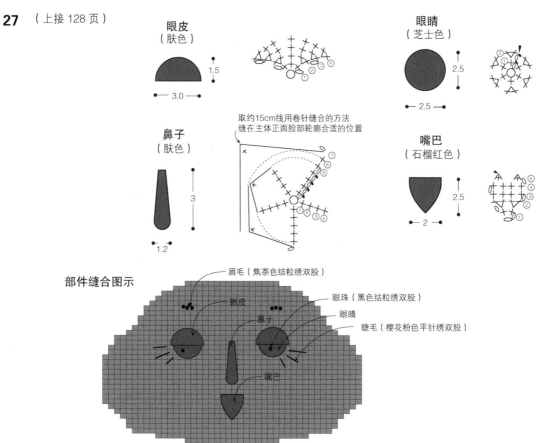

眼皮
（肤色）

1.5

3.0

眼睛
（芝士色）

2.5

2.5

鼻子
（肤色）

3

1.2

取约15cm线用卷针缝合的方法
缝在主体正面脸部轮廓合适的位置

①②③④⑤⑥⑦

嘴巴
（石榴红色）

2.5

2

部件缝合图示

眉毛（焦茶色结粒绣双股）

眼珠（黑色结粒绣双股）

眼皮

鼻子

眼睛

睫毛（樱花粉色平针绣双股）

嘴巴

27 卡通系列：藏青色羊毛抱枕

材料
回归线·悸动（参照用线表）
抱枕芯 1 个：30 cm × 40 cm

工具
棒针 3.5 mm、钩针 5/0（3.0 mm）

成品尺寸
宽 41 cm、高 30 cm

编织密度
10 cm × 10 cm 面积内：
配色编织　19.5 针，27.5 行
长针钩织　18 针，9.5 行

编织要点
主体部分用双股线材编织，正面棒针编织部分以手指起针法起所需针数后用横向渡线的方法按图解编织下针至图示行数，在上下两边用钩针挑起所需针数钩织，完成背面。折合正面和背面在四周钩织 1 圈短针。按图解用 1 股线钩织嘴巴、鼻子、眼皮缝在中间浅色配色编织处，再绣上眼珠和眉毛。在织物里面填充适合尺寸的抱枕芯。钩织所需长度的锁针作为细绳按图示穿入背面的长针间隙，调整好松紧度系紧。

用线表

颜色	用量
藏青色	50g
肤色	50g
芝士色	50g
硫黄色	50g
春江蓝色	50g
唐红色	50g
焦茶色	少许
黑色	少许
樱花粉色	少许
石榴红色	少许

细绳（2股）

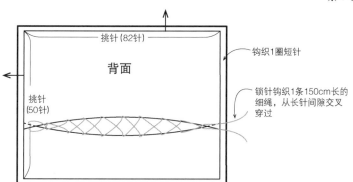

150（280针）

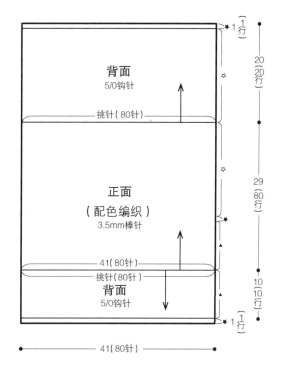

※ ✤与✦, ✿与✿, ▲与▲ 对接

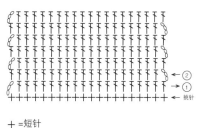

钩织1圈短针

锁针钩织1条150cm长的细绳，从长针间隙交叉穿过

背面长针钩织花样

＋ ＝短针
￢ ＝长针
○ ＝锁针

配色编织

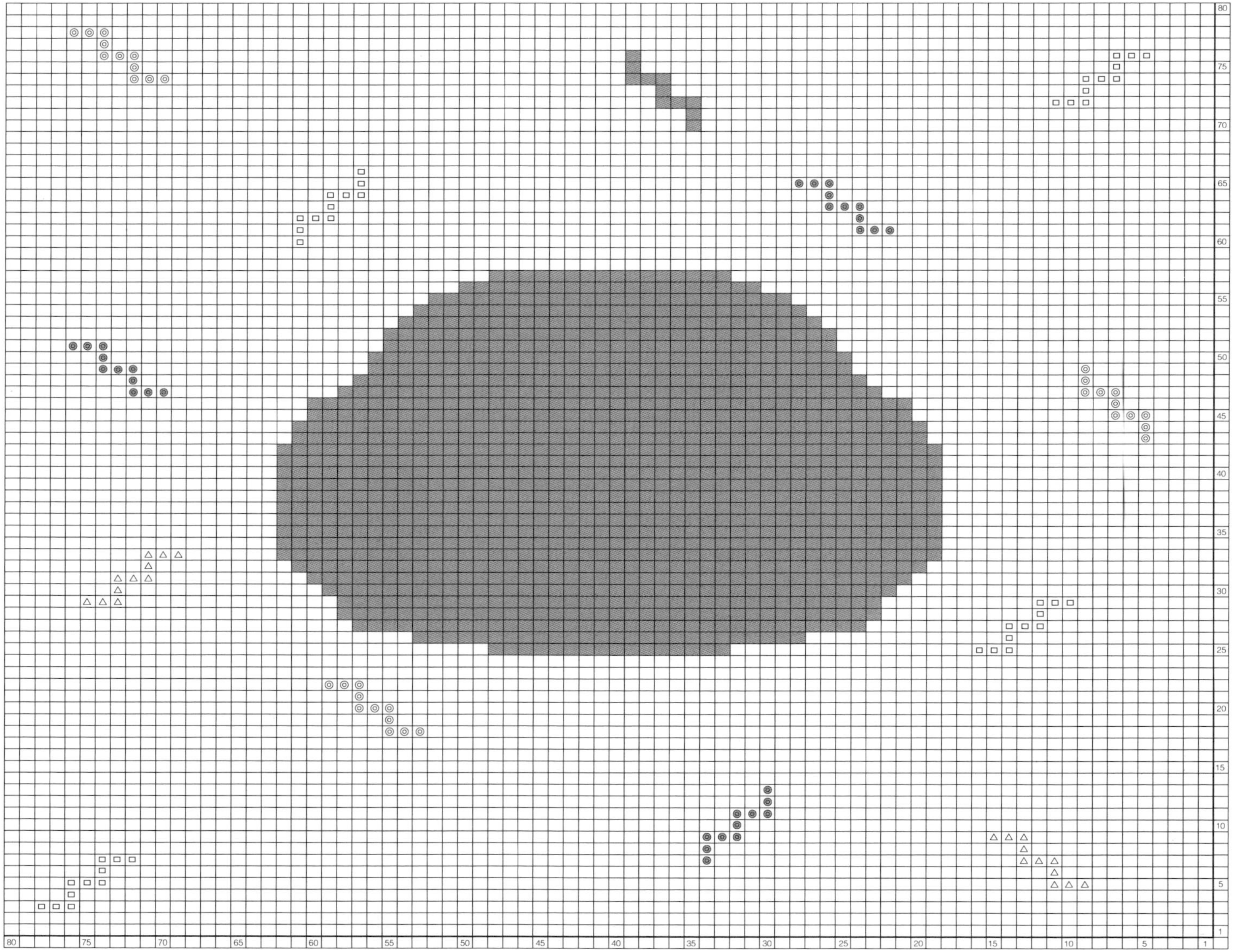

□ 藏青色
▨ 肤色
△ 芝士色
◎ 春江蓝色
□ 硫黄色
◉ 唐红色

配色

※ 脸部制作见第126页

28 卡通系列：湖蓝色拉链袋

材料

回归线（参照用线表）

12 cm 长的拉链 1 根

2 mm 银色、金色米珠各 14 颗

2 mm 黑色米珠 2 颗

工具

钩针 5/0（3.0 mm）、2/0（2.0 mm）

成品尺寸

宽 13.5 cm、包深 16 cm

编织密度

10 cm × 10 cm 面积内：短针钩织　20 针，22 行

编织要点

由包底部锁针起针，不加不减短针环形钩织到所需行数，在倒数 2 行之间钩织 1 圈引拔。装饰主体的配件完成后参照组合方法组合后再缝合于主体的一侧。按照图示装好拉链，并按照图解钩织装饰配件在拉链头上。

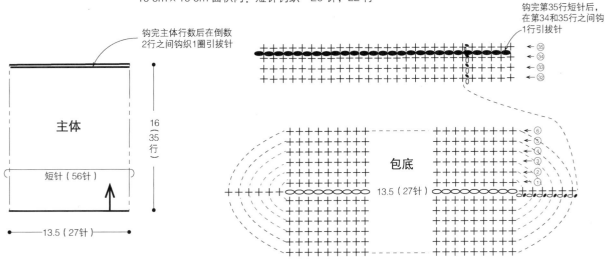

钩完主体行数后在倒数
2 行之间钩织 1 圈引拔针

钩完第35行短针后，
在第34和35行之间钩
1行引拔针

主体

16
(35
行)

短针（56针）

13.5（27针）

包底

13.5（27针）

组合方法

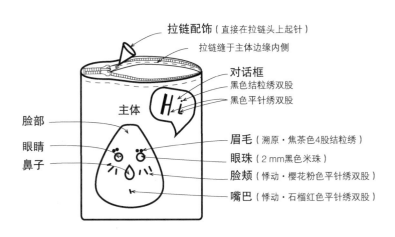

拉链配饰（直接在拉链头上起针）

拉链缝于主体边缘内侧

对话框
黑色结粒绣双股
黑色平针绣双股

主体

脸部

眼睛

鼻子

眉毛（溯原·焦茶色4股结粒绣）

眼珠（2 mm 黑色米珠）

脸颊（恬动·樱花粉色平针绣双股）

嘴巴（恬动·石榴红色平针绣双股）

用线表

线材	颜色	用量
溯原	湖蓝色	50g
	米红色	50g
微语	藏红色	15g
	茶白色	15g
溯原	黑色	少许
	焦茶色	
恬动	茶白色	
	石榴红色	
	樱花粉色	

※除指定针号外均使用5/0钩针

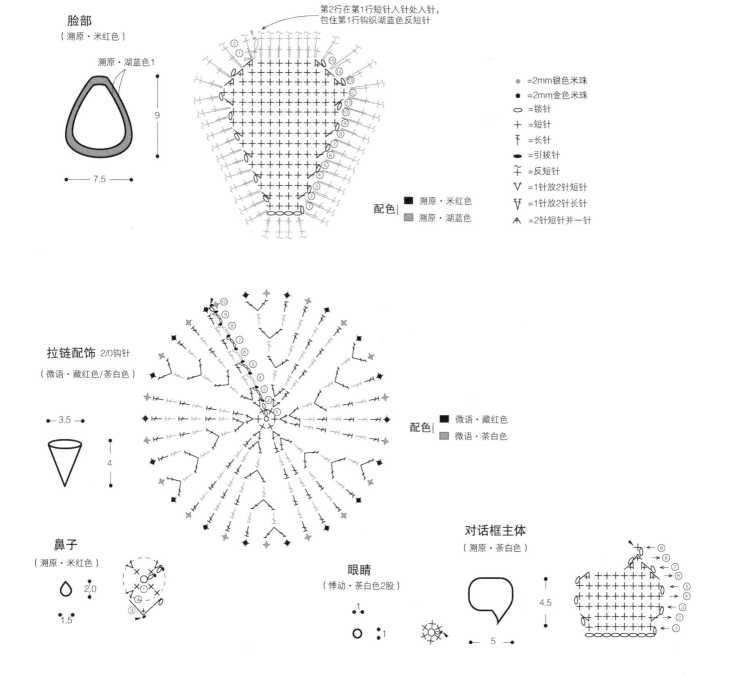

脸部
（溯原·米红色）

溯原·湖蓝色1

9

7.5

第2行在第1行短针入针处入针，
包住第1行钩织湖蓝色反短针

⊘ =2mm银色米珠
● =2mm金色米珠
○ =锁针
+ =短针
Ŧ =长针
● =引拔针
Ŧ =反短针
V =1针放2针短针
V =1针放2针长针
ᐱ =2针短针并一针

配色{
■ 溯原·米红色
▨ 溯原·湖蓝色

拉链配饰 2/0钩针
（微语·藏红色/茶白色）

3.5

4

配色{
■ 微语·藏红色
▨ 微语·茶白色

鼻子
（溯原·米红色）

2.0

1.5

眼睛
（悸动·茶白色2股）

● 1

○ ● 1

对话框主体
（溯原·茶白色）

4.5

5

130

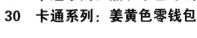

29　卡通系列：薰衣草色零钱包

30　卡通系列：姜黄色零钱包

材料

回归线（参照用线表）

15cm 长的拉链 1 根

工具

钩针 5/0（3.0 mm）

成品尺寸

宽 16.5 cm、包深 12 cm

编织密度

10 cm × 10 cm 面积内：

短针钩织　20 针，22 行

编织要点

主体部分由底部锁针起针，按图解钩织 2 块主体至所需行数，装饰主体的配件完成后参照组合方法组合后再缝合于主体一侧。底边部分以圈圈针接合。主体两侧分别钩织圈圈针作装饰。在最后一行的内外侧线圈分别钩织 1 圈反短针和 1 圈短针。按照图示装好拉链，并按照图解钩织装饰配件装在拉链头上。

29　用线表

线材	颜色	用量
溯原	薰衣草色	50g
	米红色	50g
	茶白色	少许
	焦茶色	
	黑色	
	靛青色	
	姜黄色	
	樱桃粉色	
	海藻绿色	

30　用线表

线材	颜色	用量
溯原	姜黄色	50g
	米红色	50g
	芝士色	少许
	焦茶色	
	黑色	
	圣诞红色	
	海藻绿色	
悸动	石榴红色	

◄ = 断线

◁ = 换线

十 = 短针

⊹ = 反短针

ɰ = 圈圈针（萝卜丝短针）

○ = 锁针

● = 引拔

A = 2针短针并1针

V = 1针放2针短针

主体
（2片）

12（26行）

16.5（33针）锁针起针

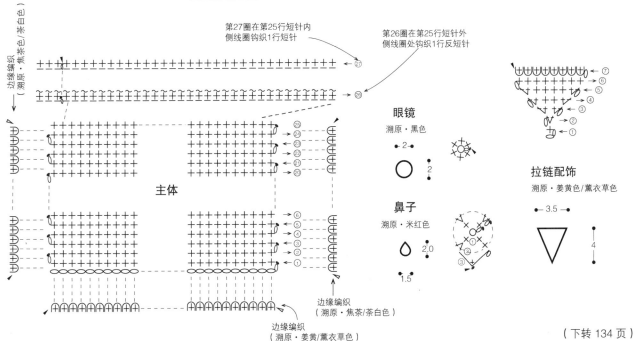

第27圈在第25行短针内侧线圈钩织1行短针

第26圈在第25行短针外侧线圈处钩织1行反短针

边缘编织（溯原·焦茶色/茶白色）

主体

边缘编织（溯原·焦茶/茶白色）

边缘编织（溯原·姜黄/薰衣草色）

眼镜

溯原·黑色

鼻子

溯原·米红色

拉链配饰

溯原·姜黄色/薰衣草色

（下转 134 页）

31 卡通系列：红色单肩包

材料

回归线（参照用线表）

30 cm×45 cm 棉布和衬布各 1 块，

直径 2.5 cm 纽扣 1 枚

工具

钩针 5/0（3.0 mm）、4/0（2.5 mm）

成品尺寸

宽 22 cm、包深 24 cm

编织密度

10 cm×10 cm 面积内：

短针钩织　21 针，22 行

编织要点

由包底锁针起针，按图解钩织所需针数行数，不加不减短针钩织主体到所需行数，最后一圈钩织引拔针并做好纽襻。包带锁针起针，钩织短针花样。主体外侧装饰配件按图解钩织好后参照组合方法缝于主体一侧，按图解做好内衬袋后在主体包口边缘缝在一起。在主体和内衬接合处缝上纽扣，将包带参照组合方法缝于主体两侧。

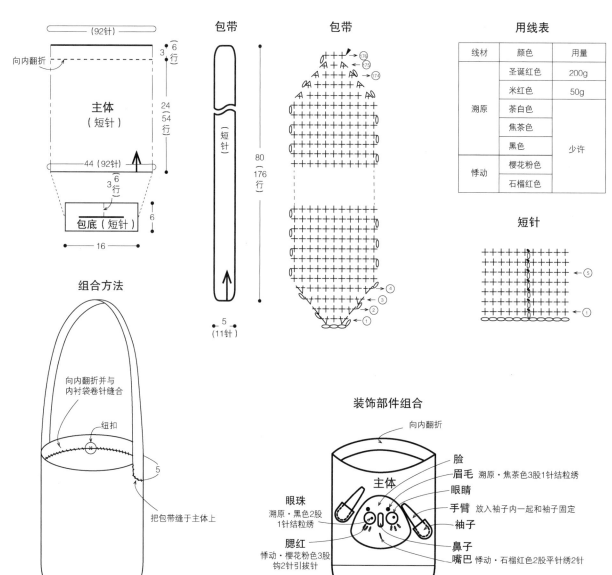

用线表

线材	颜色	用量
溯原	圣诞红色	200g
	米红色	50g
	茶白色	少许
	焦茶色	
	黑色	
悸动	樱花粉色	
	石榴红色	

主体（短针）

（92针）

向内翻折

24（54行）

44（92针）

3（6行）

包底（短针）

16

6

包带（短针）

80（176行）

5（11针）

短针

组合方法

向内翻折并与内衬袋卷针缝合

纽扣

把包带缝于主体上

5

装饰部件组合

向内翻折

主体

脸

眉毛　溯原·焦茶色3股1针结粒绣

眼睛

手臂　放入袖子内一起和袖子固定

袖子

鼻子

嘴巴　悸动·石榴红色2股平针绣2针

眼珠　溯原·黑色2股1针结粒绣

腮红　悸动·樱花粉色3股钩2针引拔针

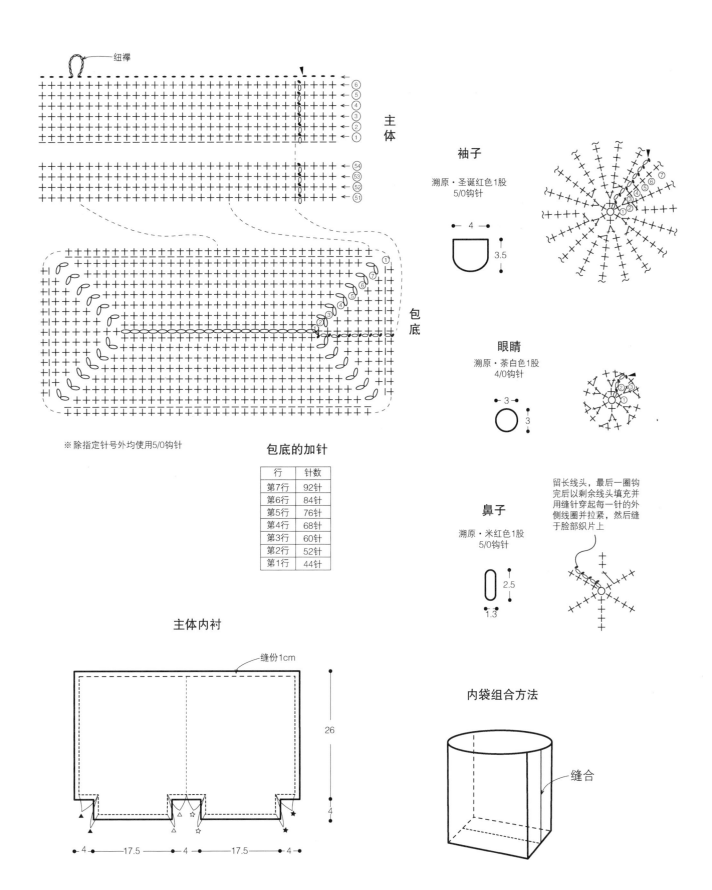

纽襻

主体

⑥ ⑤ ④ ③ ② ①

⑤④ ⑤③ ⑤② ⑤①

包底

① ⑦ ⑥ ⑤ ④ ③ ②

※除指定针号外均使用5/0钩针

包底的加针

行	针数
第7行	92针
第6行	84针
第5行	76针
第4行	68针
第3行	60针
第2行	52针
第1行	44针

袖子

溯原·圣诞红色1股
5/0钩针

4
3.5

⑦ ⑥ ⑤ ④ ③ ② ①

眼睛

溯原·茶白色1股
4/0钩针

3
3

② ①

鼻子

溯原·米红色1股
5/0钩针

2.5
1.3

留长线头，最后一圈钩
完后以剩余线头填充并
用缝针穿起每一针的外
侧线圈并拉紧，然后缝
于脸部织片上

主体内衬

缝份1cm

26
4

4 17.5 4 17.5 4

内袋组合方法

缝合

133

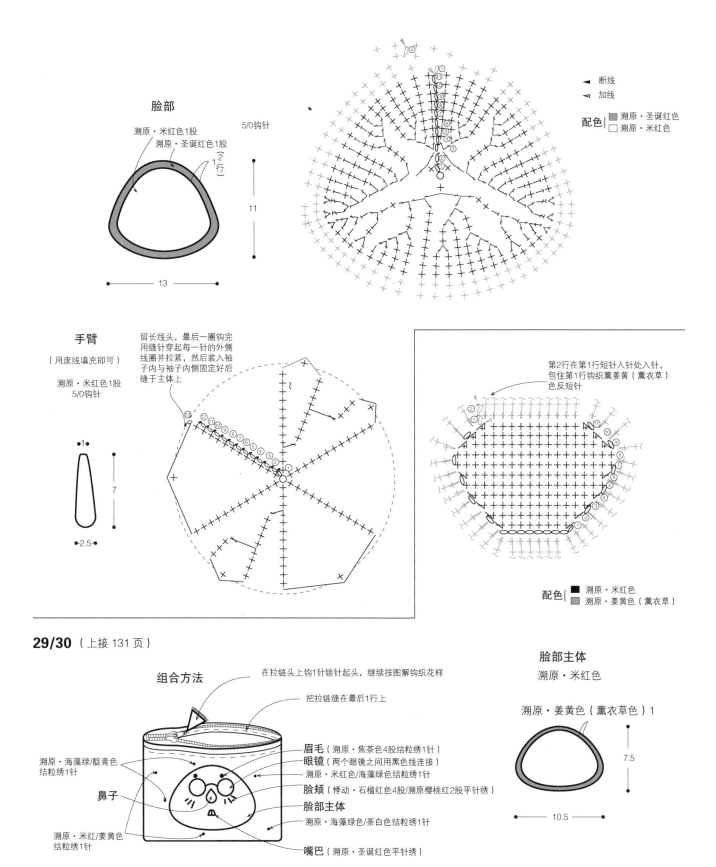

脸部

溯原·米红色1股
溯原·圣诞红色1股
[1{2行}]
5/0钩针

11

13

断线
加线

配色{ 溯原·圣诞红色
       溯原·米红色 }

手臂

（用废线填充即可）

溯原·米红色1股
5/0钩针

•1•

7

•2.5•

留长线头，最后一圈钩完
用缝针穿起每一针的外侧
线圈并拉紧，然后装入袖
子内与袖子内侧固定好后
缝于主体上

第2行在第1行短针入针处入针，
包住第1行钩织薰姜黄（薰衣草）
色反短针

配色{ 溯原·米红色
       溯原·姜黄色（薰衣草） }

29/30 （上接 131 页）

组合方法

在拉链头上钩1针锁针起头，继续按图解钩织花样
把拉链缝在最后1行上

眉毛（溯原·焦茶色4股结粒绣1针）
眼镜（两个眼镜之间用黑色线连接）
溯原·米红色/海藻绿色结粒绣1针
脸颊（悸动·石榴红色4股/溯原樱桃红2股平针绣）

脸部主体

溯原·海藻绿色/茶白色结粒绣1针

嘴巴（溯原·圣诞红色平针绣）

溯原·海藻绿/靛青色
结粒绣1针

鼻子

溯原·米红/姜黄色
结粒绣1针

脸部主体

溯原·米红色

溯原·姜黄色（薰衣草色）1

7.5

10.5

部分细节的补充

麦秆编织方法

  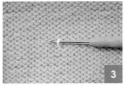 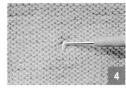 

在织物正面定好麦秆的位置插入钩针。

背面挂线后将线拉到正面。

拉出的线为第1个线圈。

下一针相隔两个针目插入钩针。

背面挂线将线拉到正面。

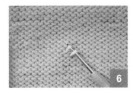  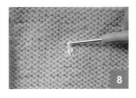 

拉到正面后钩针上有两个线圈。

将第2个线圈穿进第1个线圈。

下一针相隔两个针目插入钩针。

重复进行锁针编织。

平针绣
如图重复出针、入针，以表现点线的针法。

雏菊绣
表现花瓣等小花样时使用。

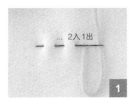 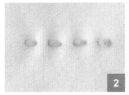 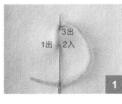 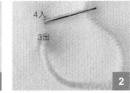 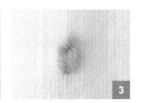

轮廓绣
重复"前进一步后退半步"，用来表现长的线条。绣曲线时针脚小一些绣面会更美观。出针、入针的位置在一条线上是绣得好看的关键。

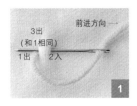  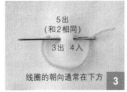 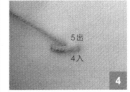 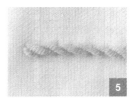

结粒绣

根据线的粗细或股数来调整结粒的大小。

从1处穿出，线在针上绕两次。

一边用手指压住绕好的线，一边在出针点1旁边1mm左右处2入针。

穿入后从背面拉出针。

法式结粒绣效果。

图书在版编目（CIP）数据

质趣志. 1，藏在毛线里的编织乐趣 / 回归线教研组
编；顾嬿婕主编. -- 上海：上海科学技术出版社，
2023.3（2023.12重印）
　　ISBN 978-7-5478-6084-7

　　Ⅰ. ①质… Ⅱ. ①回… ②顾… Ⅲ. ①手工编织
Ⅳ. ①TS935.5

　　中国国家版本馆CIP数据核字(2023)第031402号

回归线教研组：王华莹　程钰根　张兰兰　刘　超　邹　丽
电脑绘图：应丽君　夏明丽　王星颖　张灵英
　　　　　张　琳　叶丽云　王汝鑫　邓歆红
服装统筹：范月敏　　　插画绘制：蓝天怡
人物摄影：高继华　　　静物摄影：孙聪俐

质趣志 1　藏在毛线里的编织乐趣

回归线教研组　编
顾嬿婕　主编

上海世纪出版（集团）有限公司
上 海 科 学 技 术 出 版 社　出版、发行
（上海市闵行区号景路159弄A座9F-10F）
邮政编码201101　www.sstp.cn
上海雅昌艺术印刷有限公司印刷
开本 889×1194　1/16　印张 8.5
字数 200千字
2023年3月第1版　2023年12月第2次印刷
ISBN 978-7-5478-6084-7 / TS · 256
定价：78.00元